全国海绵城市建设案例集

全国海绵城市建设案例集编写组　编著

中国建筑工业出版社

图书在版编目（CIP）数据

全国海绵城市建设案例集 / 全国海绵城市建设案例集编写组编著. —北京：中国建筑工业出版社，2025.

3. ISBN 978-7-112-30994-8

Ⅰ. TU984.2

中国国家版本馆CIP数据核字第2025TQ1095号

责任编辑：李　杰　葛又畅
文字编辑：高　彦
版式设计：锋尚设计
责任校对：赵　力

全国海绵城市建设案例集

全国海绵城市建设案例集编写组　编著

*

中国建筑工业出版社出版、发行（北京海淀三里河路9号）

各地新华书店、建筑书店经销

北京锋尚制版有限公司制版

北京富诚彩色印刷有限公司印刷

*

开本：850毫米×1168毫米　1/16　印张：17½　字数：274千字

2025年6月第一版　2025年6月第一次印刷

定价：**180.00**元

ISBN 978-7-112-30994-8

（44686）

序

——踔厉躬耕结硕果　今朝奋进谱新章

习近平总书记指出，解决城市缺水问题，必须顺应自然。在提升城市排水系统时要优先考虑把有限的雨水留下来，优先考虑更多利用自然力量排水，建设自然积存、自然渗透、自然净化的海绵城市。习近平总书记的重要指示批示论述为我们做好海绵城市建设工作提供了根本遵循和行动指南。

近年来，我国的城市化发展取得了举世瞩目的成就，城市规模不断扩大，基础设施水平日益提升。但全球气候变化导致的自然灾害频发，城市积水内涝、水资源紧张、水生态环境退化等问题交织凸显。海绵城市建设是恢复人水和谐，建设宜居、韧性、智慧城市的重要内容，也是城市绿色转型发展的必由之路，意义重大。

十多年来，住房城乡建设部以海绵城市建设为抓手，在中央财政资金的大力支持下，在90个城市开展海绵城市建设试点示范，取得了明显成效，在缓解城市内涝积水、改善水生态和人居环境方面发挥了重要作用，形成了一批可复制可推广的经验，海绵城市建设理念深入人心，日益成为城市规划建设管理的自觉行为。实践证明，海绵城市建设是落实习近平生态文明思想的必然要求，是推动城市建设高质量发展的重要内容，是促进人与自然和谐共生的重要手段，也是"绿水青山就是金山银山"的生动实践。

在财政部的支持下，我们组织编纂了这本全国海绵城市建设案例集，将"十四五"时期全国60个海绵城市的实践案例，按河网密布平原城市、山水相依丘陵城市、滨海临江城市、山地河谷城市、北方平原城市等五大类，剖析城市水系特征和问题，厘清海绵城市建设思路，反映综合建设成效，展现不同气候带、不同地形地貌、不同山水格局城市的典型做法，蕴含着各地因地制宜探索城市建设的经验智慧，以期能够为全国其他同类型城市提供借鉴参考。

　　海绵城市建设离不开相关部门、各级政府和全社会的共同支持和参与。我们希望更多城市积极探索和实践，围绕建设美丽中国的新任务、新要求，切实把思想和行动统一到习近平总书记重要指示精神上来，坚持"人民城市人民建、人民城市为人民"，凝心聚力、踔厉奋发，积极应对气候变化，落实"双碳"行动，奋力推进住房城乡建设事业高质量发展，为书写中国式现代化的新篇章作出更大贡献。

住房城乡建设部城市建设司

2025年4月

前 言

在全球气候变化的大背景下，城市正面临着愈发复杂的水问题，城市洪涝灾害频发、水资源短缺问题加剧、水环境污染问题突出、生态系统服务功能退化，这些严峻挑战正持续威胁着城市的可持续发展和居民的生活品质。与此同时，城市水生态系统也因传统建设模式的冲击而日益脆弱。在此困境中，海绵城市建设应运而生，成为城市可持续发展的关键路径之一。

2013年12月，习近平总书记首次提出建设"自然存积、自然渗透、自然净化的海绵城市"理念。2015年印发的《国务院办公厅关于推进海绵城市建设的指导意见》（国办发〔2015〕75号），为我国推进海绵城市建设作出了总体部署。"十四五"以来，在中央财政资金的大力支持下，遴选了60个城市开展海绵城市建设工作，在城市规划建设治理各个环节落实海绵城市建设理念，减轻城市建设对自然生态本底的影响，助力城市转型发展、高质量发展，取得了明显成效，形成了一批可复制、可推广的经验。

本书以60个城市的实践经验为基础，从城市本底特征和突出问题出发，总结提炼以海绵城市理念推动城市水系统建设的思路与路径，展示通过海绵城市建设解决城市水系统问题的成效。本书分5章予以阐述，旨在通过各城市的实践案例，展现不同气候带、不同地形地貌山水格局的城市在海绵城市建设道路上的差异化探索。第1章为河网密布平原城市，包括无锡、宿迁等11个城市，分析了城市降雨量大地势平坦、洪涝外排压力大等共性特征，提出了以蓄代排的建设思路，实现了流域洪涝统筹、圩区蓄排平衡等建设效果。第2章为山水相依丘陵城市，包括长治、晋城等19个城市，分析了城市本底排水条件较好，但难以蓄存等共性特征，提出了先蓄后排的建设思路，实现了山地洪涝统筹、污涝旱共治等建设效果。

第3章为滨海临江城市，包括秦皇岛、葫芦岛等7个城市，分析了城市地势平缓、潮水江水顶托等共性特征，提出了以蓄错峰的建设思路，实现了截蓄疏排并举、区域蓄排平衡等建设效果。第4章为山地河谷城市，包括三明、龙岩等9个城市，分析了城市两山夹一沟、山洪入城问题突出等共性特征，提出了以用代排的建设思路，实现了雨水资源充分利用、面源污染有效削减等建设效果。第5章为北方平原城市，包括唐山、衡水等14个城市，分析了短历时强降雨多、地势平坦、污涝交织等共性特征，提出了净、用代排的建设思路，实现了强化雨水资源利用、污涝旱同治等建设效果。

通过对不同类型城市的深入剖析，本书全面展示了海绵城市建设在全国的多样化实践，为城市规划、建设从业人员以及相关研究人员提供了丰富的实践案例与创新思路，助力推动海绵城市建设在全国范围内的深入发展，实现城市的可持续发展与生态环境的和谐共生。

目 录

河网密布
平原城市

城市特征

　　无锡市位于江苏省南部，北依长江，南濒太湖，是长三角中心城市之一，2023年，无锡市常住人口750万，城市建成区面积356平方公里。无锡是典型的江南水乡城市，拥有各级水系6288条，江河湖荡占全市总面积超四分之一。

　　无锡市多年平均降雨量1112毫米，存在"梅雨"和"台风雨"两个集中降雨期，每年4~6月为梅雨期，降雨范围广、雨期长，7~8月台风、暴雨、强对流天气频发。

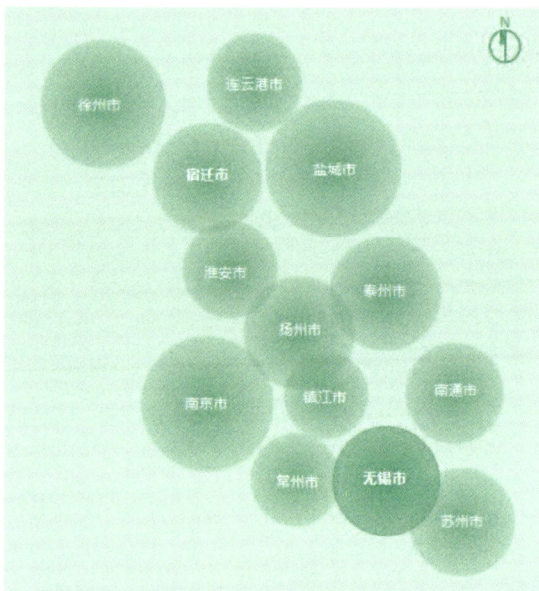

无锡区位图

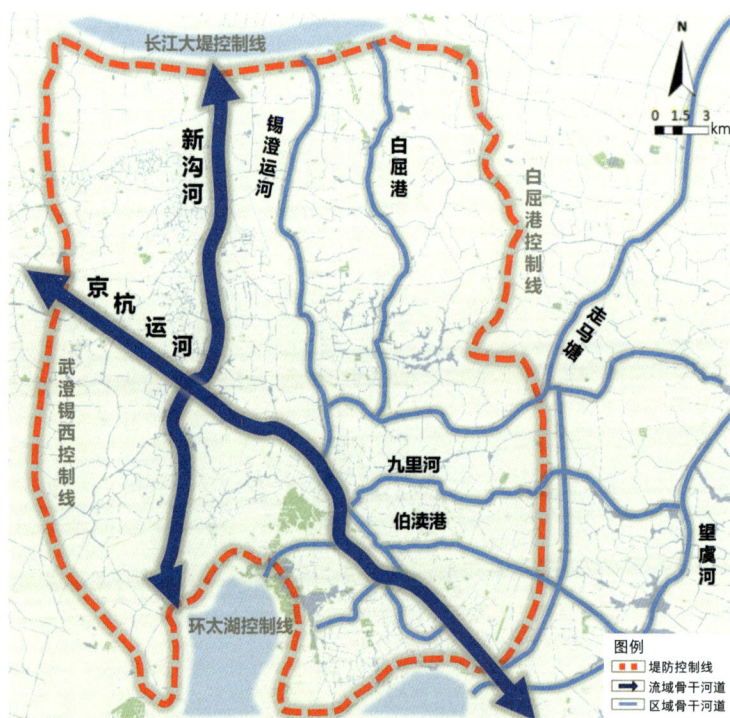

无锡市区域排涝格局示意图

无锡市区以平原、洼地为主，整体地势较为平坦，区内地面高程大多在3.5～5.5米之间，洪涝外排压力大，西部地区地势较高，北排长江存在线路长、效率低的缺点，南排太湖受水环境保护制约（非极端情况禁止排水），东排望虞河（需兼顾调引长江清水入太湖），河水水位较高，排水能力受到影响。

建设思路

无锡市针对洪涝外排压力大、城市内涝防治能力不足等问题，结合城市特点，坚持"提升外排能力、挖掘内蓄潜力"两手发力，持续完善城市排水防涝防洪体系。

提升外排能力。拓展区域排涝通道，增加富贝河、洋溪河等骨干排涝河道，打造"七纵八横"的排涝网络。围绕"双低片区"，强化水系扩容与连通，实施新开、疏浚河道等举措，新增水域面积2.53平方公里。

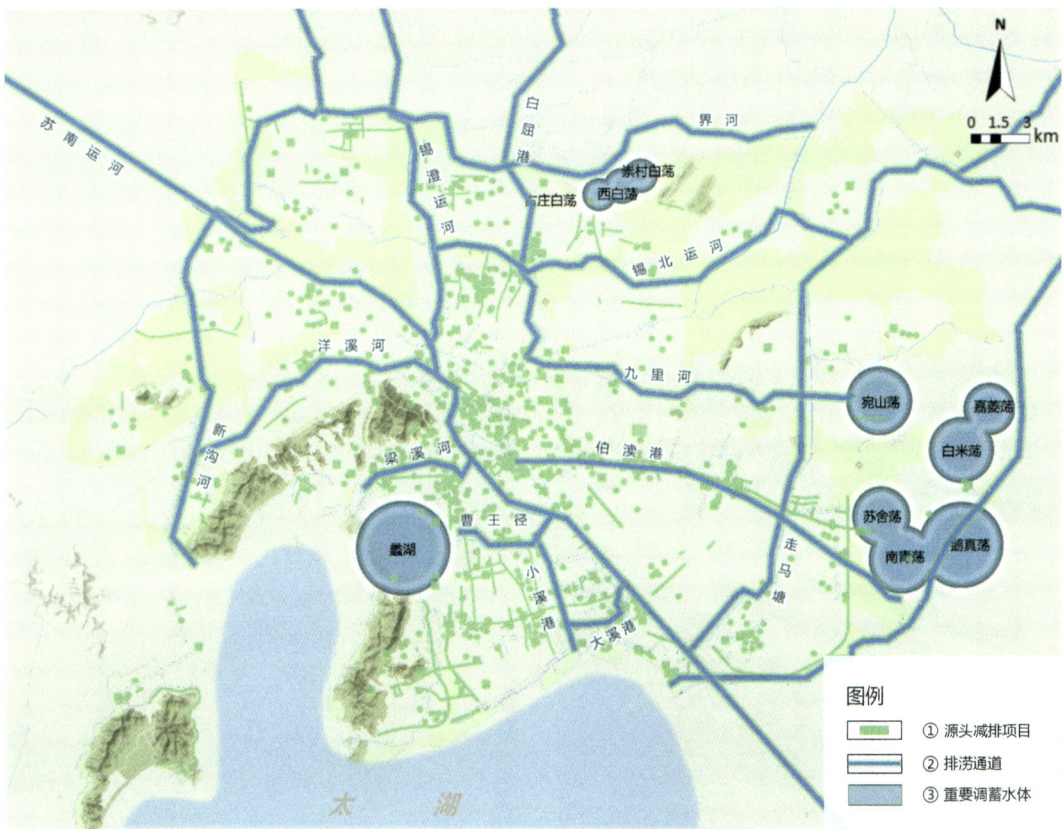

无锡市海绵城市建设格局图

挖掘内蓄潜力。充分发挥城市水系、坑塘的调蓄作用，模拟并确定不同降雨情景下水位预降要求，其中，遭遇50年一遇降雨（214毫米/24小时）前，提前24小时预降水位，将圩区常水位由3.1米预降至2.5米，增加6211万立方米调蓄容积；对市区1200余处洼地坑塘实施保护利用，提升片区雨水蓄存能力。强化雨水源头减排，新改扩建项目全部落实海绵理念，有效提升雨水原地滞存消纳能力；针对易涝点及排涝薄弱区，采取"蓝绿灰"相结合的模式实施系统治理，强化积水点"动态消除"。

建设成效

优化完善区域排涝体系，可有效提升城市排水防涝能力。通过海绵城市建设，形成了"流域层面洪涝统筹、圩区层面蓄排平衡、管网建设单元达标、涝点治理灰绿结合、运行管理联排联调"的雨水全过程管理体系，城市内涝防治标准达到50年一遇（214毫米/24小时），易涝积水区段基本消除。2023年7月，无锡遭遇总降雨量251毫米、最大3小时降雨量151毫米的特大暴雨时，城市运转基本正常，市区范围内均未出现内涝现象，局部积水点基本在30分钟以内消退。

蠡太路

城市家具小镇

东南大学国际校区

太湖广场

县前西街治理前
（2021年遭遇198毫米降雨，雨停后0.5小时）

县前西街治理后
（2023年遭遇251毫米降雨，雨停后0.5小时）

蠡湖生态治理前

蠡湖生态治理后

城市特征

宿迁市位于江苏省北部腹地，北依骆马湖、南临洪泽湖，是南水北调东线重要节点城市。中心城区水系发达、河网密布，西民便河、总六塘河等50余条河流遍布城区，是典型的苏北水乡平原。2023年，中心城区建成区面积为130平方公里，人口数量为100万。

宿迁横跨淮河、沂沭泗两大水系，多年平均降雨量为922毫米，承接上游21万平方公里的来水，素有"洪水走廊"之称，过境客水

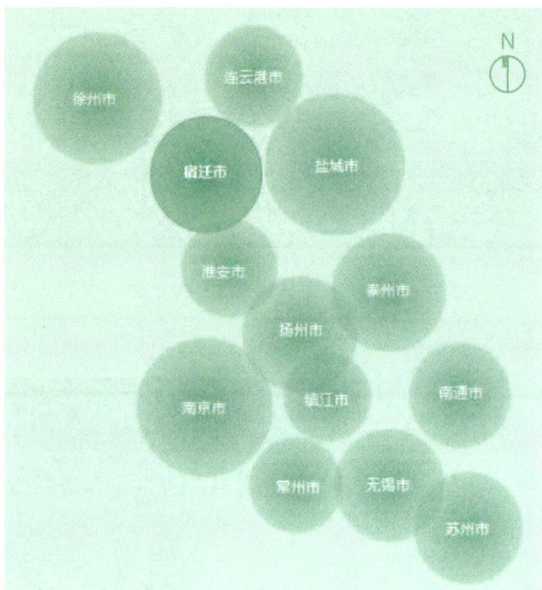

宿迁区位图

多、防洪压力大、涝水排除难的特征显著。洪泽湖、骆马湖、大运河作为南水北调东线工程重要的调节水源地和输水通道，水环境目标要求为地表水Ⅲ类，城区水质关乎"一泓清水北上"的大局。

宿迁市地形地貌示意图

建设思路

　　宿迁市处于淮河、沂沭泗两大水系的交界地带，汛期上游来水双线夹击、大量客水入境，导致城外骨干河道排涝不畅，易对城区管网造成顶托，洪涝叠加，城市排水防涝压力巨大。受到雨污水管网混错接和城市初期雨水面源污染的影响，加之水系生态基流严重不足，城区内河水质相对较差，污涝交织、南水北调保供压力凸显。宿迁市坚持问题目标双导向，基于各区问题和面临的形势不同，将片区治理分为两类：

　　一是西南片区与宿豫片区以水安全保障为首要任务。聚焦区域流域雨洪调蓄空间不足、防洪工程体系有待完善的问题，坚持洪涝统筹、蓄排并举、系统治理，上游增加雨洪调蓄空间2.6平方公里、调蓄容积640万立方米，中游城区骨干排涝河道按20年一遇（183毫米/24小时）标准疏浚，下游增设排涝泵站、畅通城市排水通道，通过构建"上蓄+中分+下排"排涝格局，实现片区"蓄排平衡、水系联动"。

　　二是老城片区与湖滨片区以水环境保护为主要目标。聚焦南水北调"一泓清水北上"要求与城市内河水环境不佳问题，坚持源头削减、过程

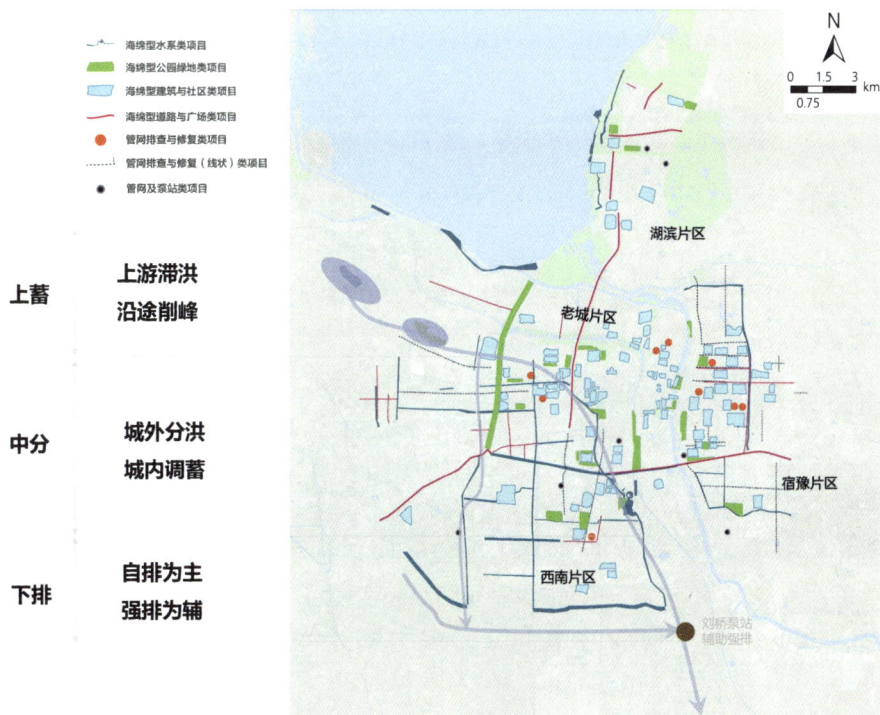

宿迁市海绵城市项目布局图

净化、系统提升，建设150余处源头海绵设施，实施300余处雨污混错接点改造，统筹提高河道生态系统稳定性和排涝功能，全面提升水生态质量、改善人居环境品质。

建设成效

宿迁市中心城区治理易涝积水点36处，实现了建成区易涝积水点基本消除，城区内涝防治标准达到30年一遇（200毫米/24小时）；近三年雨季，

洪泽湖东路积水点改造前
（最大日降雨量达到166毫米，2021.7.29）

洪泽湖东路积水点改造后
（最大日降雨量146毫米，2023.5.29）

洪泽湖东路水泡实景图

洪泽湖东路是宿豫片区东西向的主干道，由于地势低洼、缺少超标行泄通道等，自然排水不畅且整治前易发生积水问题。通过实施排水管网改造、增设排涝通道，因地制宜布设海绵设施、削减面源污染，系统提升了洪泽湖东路片区的排水防涝能力，也为周边群众增加了更多滨水活动空间

城区多次遭遇强降雨天气，但未出现大面积内涝积水区域，基本实现了"雨停路清"，为探索"平原治涝的新样板"奠定了基础。

宿迁城市水体基本消除劣V类，黑臭水体治理成果不断巩固；2023年，国省考断面水质全部达标，美丽河湖品质显著改善，有效保障了南水北调通道的水质；城市生活污水处理厂进水BOD_5浓度达到114毫克/升，超额完成污水提质增效目标。

马陵河整治前

马陵河整治后

海绵型快速路——迎宾大道

迎宾大道是宿迁中心城区南北向的重要交通连接线，项目重点关注高架桥路面雨水径流控制，雨水经落水管集中收集至高架下方的旱溪、雨水花园等，场地内蓄存的雨水可用于绿化浇灌养护，据估算每年利用雨水资源量达1.18万立方米

城市特征

昆山是"江苏东大门"及"临沪第一城"，连续19年位居全国百强县之首，是首批国家生态园林城市。2023年，全市常住人口215万，市域面积931.5平方公里，中心城区面积483平方公里。

昆山是典型的江南平原水乡城市，地处太湖流域蝶形洼地，太湖第三条行洪通道吴淞江穿城而过，全市多年平均降雨量为1200毫米。全市水网密布，2815条河道纵横交织，19座千亩以上湖泊星罗棋布，河湖水域面积占比18%，形成了独特的圩区排水格局。

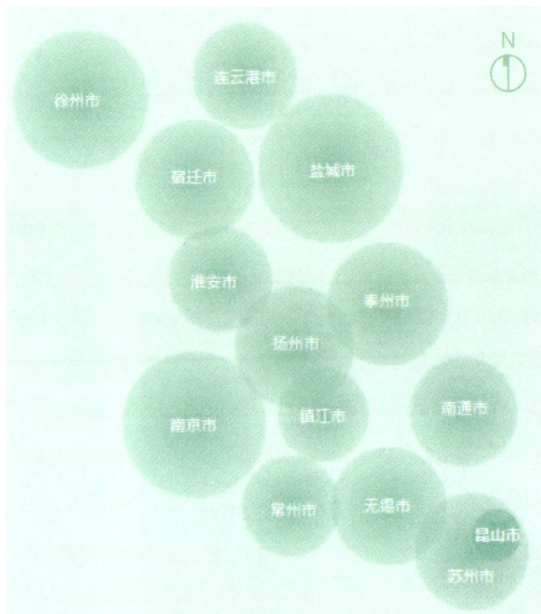

昆山区位图

昆山市地形地貌示意图

随着城镇化和工业化的快速发展，昆山水乡风貌日益模糊，加之极端天气频发，城市安全韧性和宜居品质面临挑战。昆山借鉴国内外经验从2009年开始探索系统化治理城市水问题的路径。

建设思路

昆山在海绵城市建设过程中，坚持目标导向，以打造"水安、水兴、水美"的现代化江南水乡海绵城市为目标，致力于实现人与自然和谐共生的美好愿景。为此，昆山将海绵理念与城市发展深度融合，提出"流域格局优化、圩区系统施策、项目全面管控"的治理思路，打造智慧、宜居、韧性城市。这一举措不仅是对中国式现代化的积极响应，更是昆山推动城市高质量发展、深入践行习近平生态文明思想的有力支撑。

流域格局优化：建成355公里骨干生态廊道，供给高品质公共生态产品的同时，在流域层级营造大尺度生态雨洪滞纳空间，减缓城市行洪压力；系统实施"六片三河"洪涝安全韧性提升工程，进一步扩大雨洪调蓄能力至2100万立方米。

圩区系统施策：以全市94个圩区为海绵建设单元，系统推进海绵城市建设。

庙泾河生态廊道实景图

中环海绵型高架道路实景图

杜克大学海绵型公建实景图

项目全面管控：依托高效的项目闭关管控机制，全市已建成兼顾功能与外观的高品质海绵项目700余处。

建设成效

自2009年以来，昆山积极响应国家生态文明建设号召，埋头拉车，十年磨剑，持续深耕海绵城市建设。在长达15年的探索与实践中，昆山不断深化对海绵理念的理解与应用，推动海绵理念不断迭代升级，与城市发展深度融合，且取得了显著成效。

水城共融，城市安全更具韧性。示范工作开展以来，昆山围绕区域水系总体布局，统筹做好水安全、水环境等文章，目前城市集中建设区范围内大部分面积的内涝防治能力从约5年一遇（187毫米/24小时）提升至

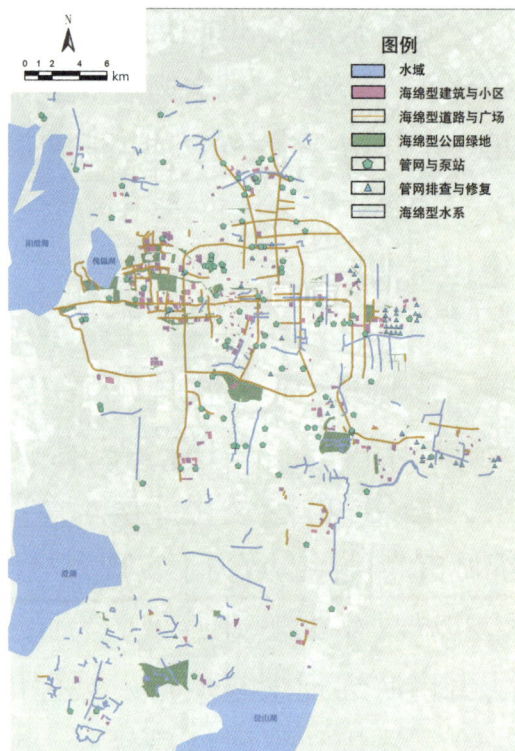

昆山市海绵项目位置分布图

吴淞江骨干行泄排水通道建成实景图

20年一遇（234毫米/24小时），内涝积水点有效动态消除。2024年汛期，昆山遭遇有气象记录以来的最强台风"贝碧嘉"，全市基本安全度汛。

海绵惠民，城市环境更加宜居。昆山立足江南水乡生态基底，以"绣花功夫"打造了"昆山之链"慢行环线等30公里功能与外观兼具的海绵项目，成为市民的网红打卡地。同时，采用"针灸式"设计理念，利用闲置地、边角地，推进渐进式、小规模海绵化改造。截至目前，中心城区已完成老旧小区改造196个，达702万平方米，惠及居民6.61万户，全市新增绿地超3978万平方米，建成幸福河湖321条，180条劣Ⅴ类水体动态清零，让老百姓切实享受到了雨天不积水、河道变清澈、景观更优美的居住环境。

推动成果转化，海绵产业更具规模。2009年~2024年，昆山共培育孵化海绵企业370余家，其中本地企业近百家，覆盖项目设计、工程施工、研发生产等全链条，生产各类适用海绵产品20余种，获新型实用专利100余项，培育相关从业人员超1万人。

森林公园雨洪调蓄公园建成实景图

高新区蒋泾河片区断头浜整治连通前实景图

高新区蒋泾河片区断头浜整治连通后实景图

庙泾河中央水廊海绵项目

街角公园小规模海绵化改造实景图1

街角公园小规模海绵化改造实景图2

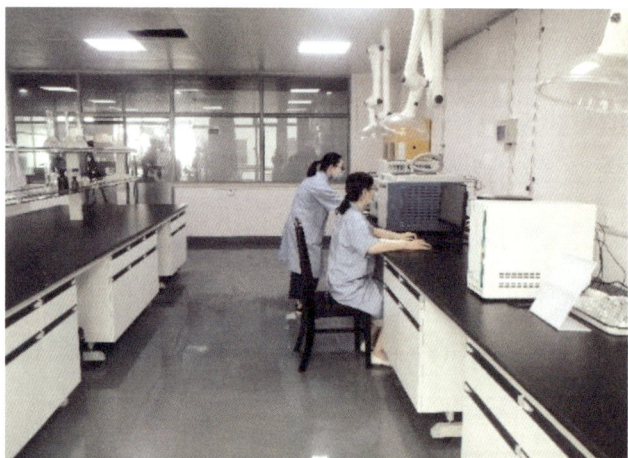

海绵实验室

江苏省海绵城市建设材料与绩效检测工程技术研究中心

城市特征

扬州市地处江苏中部，南临长江，淮河入江，水道纵贯南北，是南水北调东线工程源头城市，水域面积占全市面积的26.3%，是典型的江淮平原水网城市。2023年，中心城区建成区面积为206平方公里，人口数量为139万。扬州市是首批国家历史文化名城之一，也是"中国运河第一城"。

扬州市地处南北气候过渡带，多年平均降雨量为1100毫米，6~7月的梅雨和7~9月的台风易形成暴雨。

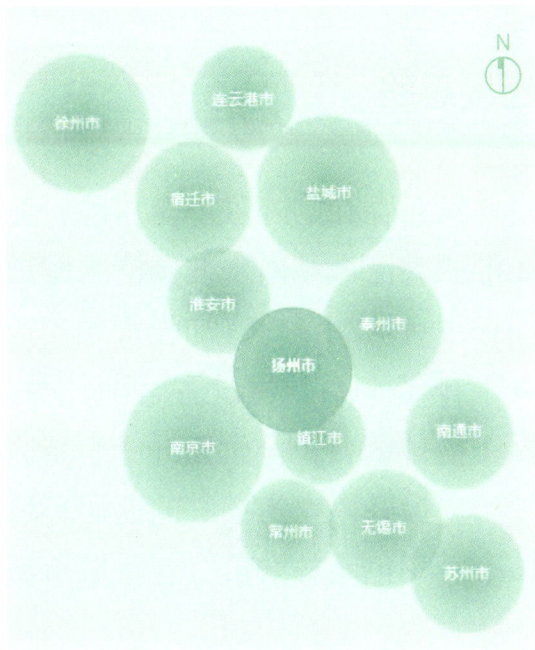

扬州区位图

扬州市水系格局示意图

扬州市地形总体西高东低，中心城区西北部以丘陵区为主，高程8～40米，其他为平原圩区，地势平坦宽阔，高程为2.5～8米。由于地处长江、淮河流域下游，扬州易受两大流域洪水影响，地势低平不利于内水外排，易形成"上游压、下游顶、中间涝"的局面，外洪内涝风险并存。

建设思路

针对存在的外洪内涝风险，完善长江、淮河入江水道防洪体系，实施江淮两大流域和南水北调清水廊道生态隔离带建设，治理西北丘陵山洪，保护现有河湖湿地，加强水系连通，治理古运河、沿山河等28条城市内部骨干排涝水系，建设香茗湖、明月湖等18个调蓄空间，扩大外排泵站规模，蓄排结合，全面提升中心城区防洪排涝能力。

为提升以水为核心的人居环境质量，立足"历史文化名城、平原水网城市、特色园林城市"三张城市特色名片，在古城片区海绵城市建设中传

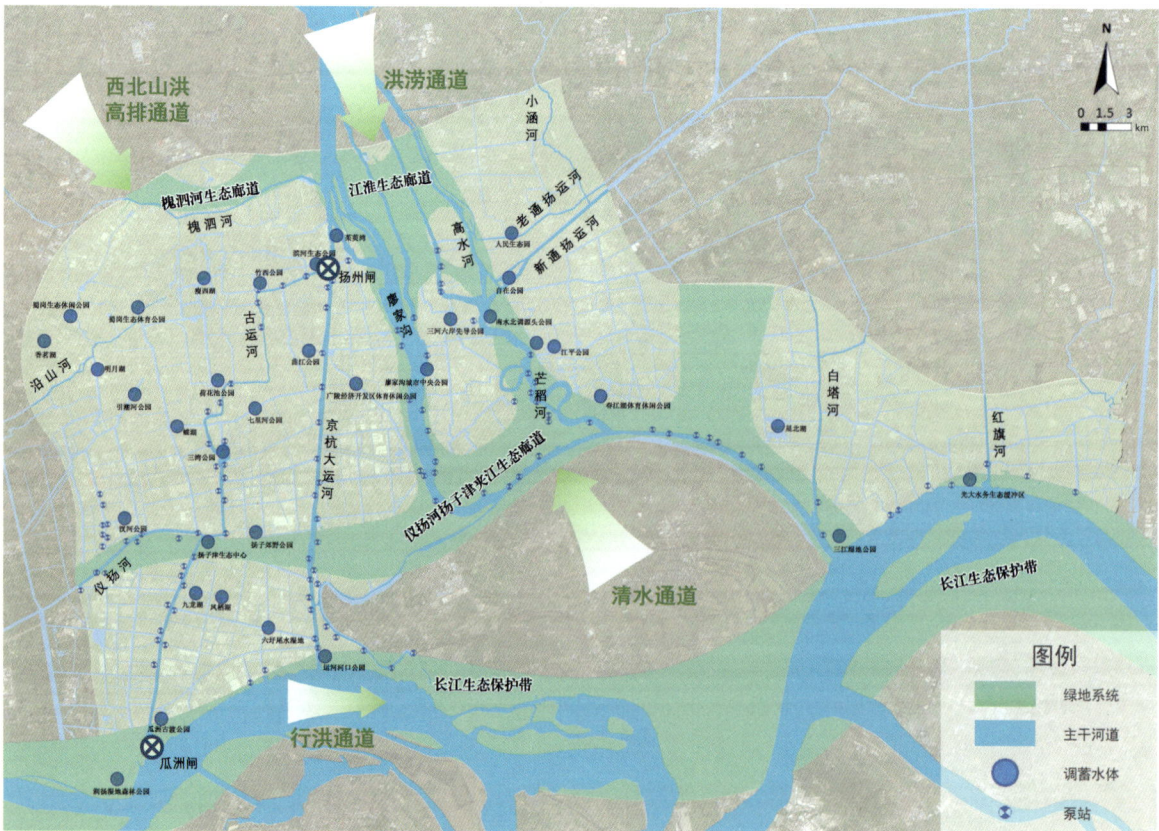

扬州市海绵系统格局图

承古法排水智慧，融合园林景观风貌，同步提升古城排水能力和水环境质量。结合老旧小区改造推进海绵城市建设，实施小尺度微改造，解决小区内涝积水问题，优化公共活动空间和绿化景观，提升老城居民的获得感与幸福感。

建设成效

城市安全韧性全面提升。河流、湖泊、沟渠、坑塘等天然水域面积比例保持增长，新增调蓄空间10万立方米，重点内涝积水点基本消除，主城区内涝防治能力高于20年一遇（192毫米/24小时）。

人居环境质量显著提升。在广陵、江都等老城片区老旧小区改造时，结合海绵城市建设有效解决易淹易涝问题，借鉴"传统园林"造景手法，打造集功能性、景观性、娱乐性于一体的海绵设施，居民满意度超过

调蓄空间建设：香茗湖公园建设前

调蓄空间建设：香茗湖公园建设后

G328辅道积水点整治前（195毫米/24小时）

G328辅道积水点整治后（198毫米/24小时）

95%；统筹实施荷花池、小秦淮河等古城片区改造，传承明沟渗井、青砖瓦石等古法排水智慧，与现代海绵理念有机结合，在解决内涝积水、水质不佳问题的同时，为当地居民提供了休憩娱乐的公共空间，令古城全面焕发新生。

鸿泰家园老旧小区海绵城市建设前

鸿泰家园老旧小区海绵城市建设后

荷花池口袋公园改造前
景观杂乱，雨季积水

荷花池口袋公园改造后
广受居民和游客好评

城市特征

杭州市位于华东地区东南沿海，浙江省北部，地势西高东低，西部为中低丘陵区，中、东部为平原。2023年，市区建成区面积859.14平方公里，市区常住人口数量1129.9万。杭州市多年平均降雨量为1554毫米，台风、暴雨、强对流气候频发。

中心城区位于钱塘江下游，水网密布。城市西部上游来水急、下游排水慢，存在山洪入城风险；城市中、东部地势低平，河道水网密布、流程长、流速慢，且受下游高水位顶托影响，北排路径不畅。

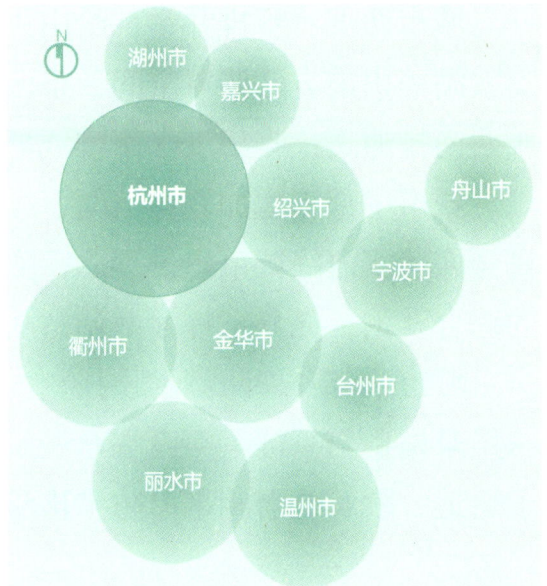

杭州区位图

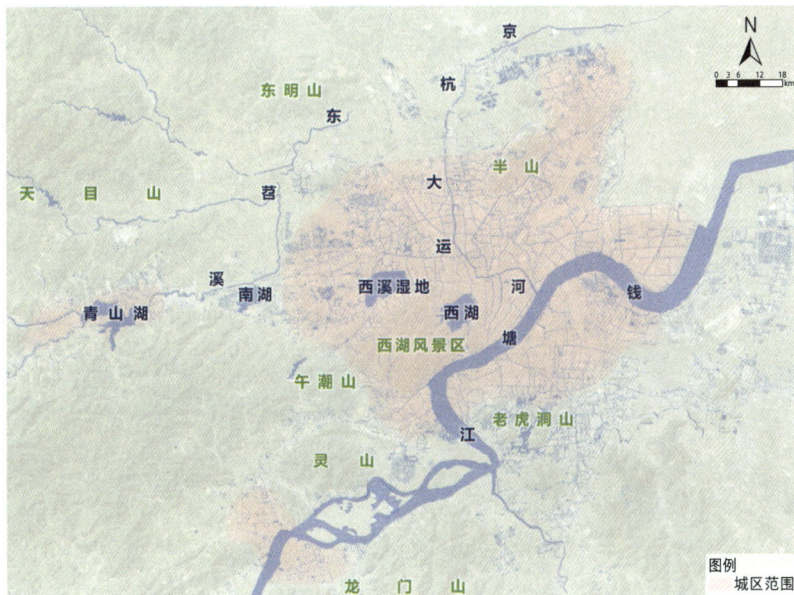

杭州市地形地貌示意图

建设思路

杭州市复杂的地形，使其面临"山洪、内涝、外洪、风暴潮"等多重威胁，加大了城区的防洪排涝压力。

城市西部：蓄排并举，给山洪以调蓄空间和排出通道。建设铜鉴湖、阳陂湖等山前自然调蓄空间，整治疏通蒋家潭、沿山河等山洪通道；新建城西南排通道，收集洪水南排钱塘江。

城市中部：增加调蓄空间，缓解低洼区排涝压力。源头新建、改建项目全面落实海绵城市建设理念；实施红西河、引水河和沈家河等河湖水系的综合整治，充分发挥河网调蓄功能，缓解内涝风险。

城市东部：外防潮水顶托，内提排涝能力。利用京杭运河二通道建成八堡泵站，与京杭运河南端三堡泵站联动，构筑运河水系南排钱塘江的骨干通道，缓解杭嘉湖平原防洪排涝压力。

杭州市海绵城市建设系统布局图

建设成效

　　区域防洪排涝能力显著提升，安全韧性全面加强。中心城区沿江强排能力从建设前796立方米/秒提升至1236立方米/秒，强排能力提升36%，对应片区内涝防治水平提升至50年一遇（258毫米/24小时），历史内涝积水点基本消除，2023年7月19日最大小时降雨量105毫米的超标暴雨中，城市运转基本正常，未发生内涝灾害和人员伤亡。

　　建设绿色、生态、低碳"亚运海绵样板"，助力杭州打造国际一流海绵城市。海绵理念融入亚运工程，实现了水景观与防洪排涝功能的结

铜鉴湖建成照片

沿山港河道改造前

沿山港河道改造后

合，构建了雨水蓄存、净化、回用体系，向世界全面展示了海绵城市建设成果。

亚运片区建成后，排涝能力从12立方米/秒提升到50立方米/秒，雨水回用设施规模超过3000吨。

利民河建设前

利民河建设后

城市特征

芜湖市位于安徽省东南部，南依皖南山区，北望江淮丘陵，长江穿城而过。芜湖市属于亚热带湿润季风气候，地势低平，土壤渗透性低，多年平均降雨量为1200毫米。2023年，芜湖市中心城区建成区面积266平方公里，常住人口数量376万。

芜湖市是典型的长江中下游平原河网城市，多年来一直采用御洪于外的防洪策略，城市排涝已形成基于强排模式的"水系为骨干、泵站为枢纽、管网全覆盖"的排水防涝格局。

芜湖市地处长江中下游，排水防涝体系建设亟待完善的水安全需求，也有"长江大保护"和污水处理效能亟待提升的水环境需求。

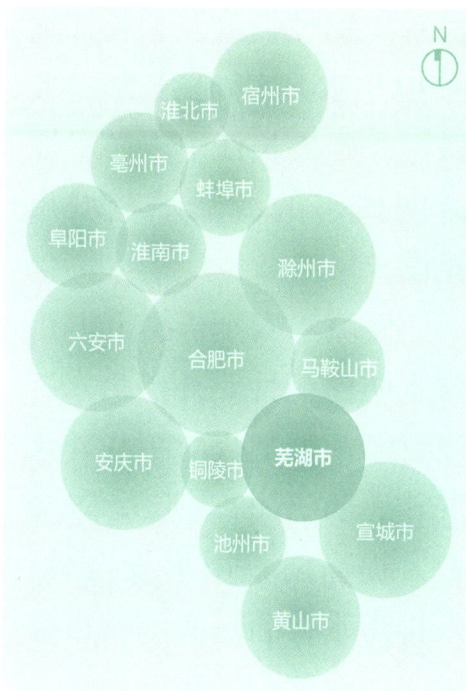

芜湖区位图

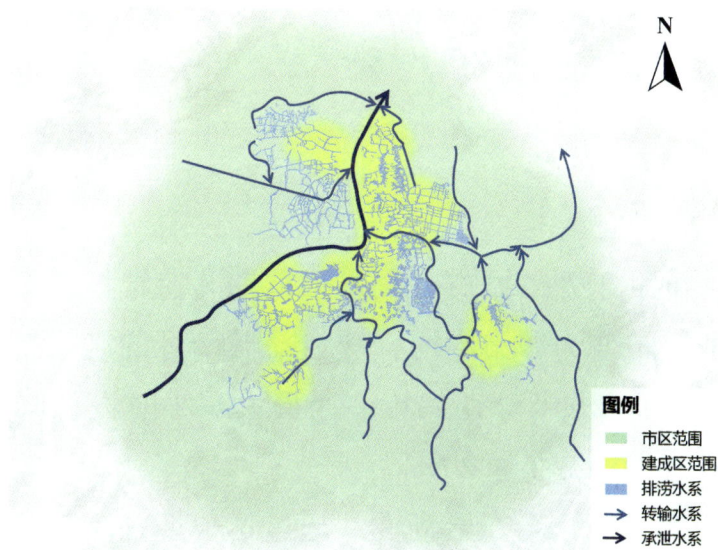

芜湖市城市空间格局图

图例

- 市区范围
- 建成区范围
- 排涝水系
- 转输水系
- 承泄水系

建设思路

通过对城市雨水径流系统的梳理和优化，以城市排水系统韧性提升及"长江大保护"水环境提升为主要目标，开展长江中下游平原河网城市的海绵示范城市建设。

保障水安全，提升城市排水防涝韧性。外挡洪水，以百年一遇的堤防挡住外江洪水，并不断改造堤防短板，提高防洪圈堤安全性；内排涝水，通过海绵城市蓝绿灰融合建设，拓展城市蓝绿空间蓄排能力，提升内涝防治系统效能。

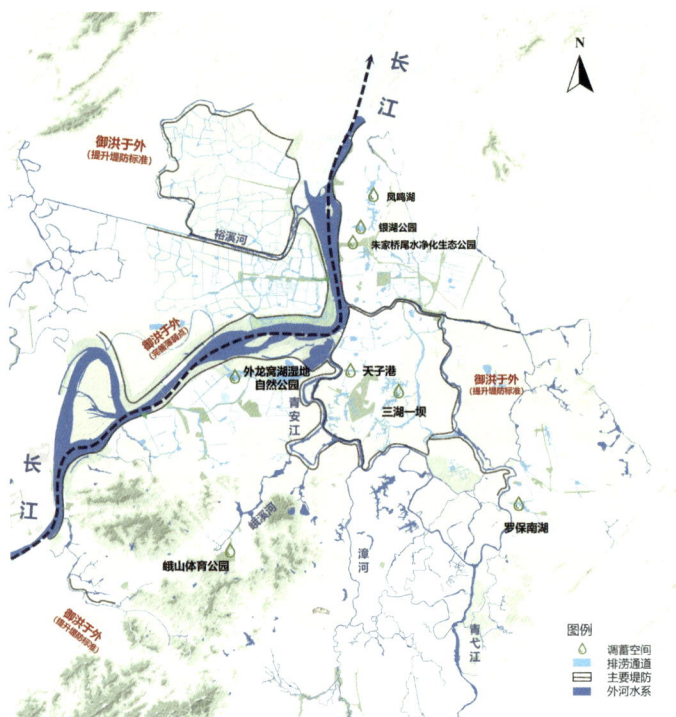

芜湖市海绵蓝绿空间分布图

改善水环境，巩固污水提质增效成果。坚持"厂网一体"，在推进水环境巩固提升中系统性地融入海绵城市建设理念，协同治污，以建筑小区排水管网和市政排水管网整治、水系暗渠排口再整治、水系岸线生态化改造等工作为突破口，实现城市涝污共治。

建设成效

洪涝统筹，御洪于外佑城市安澜。示范期间持续推进新城南圩建设，圩区内原行洪河道转变为城市内河，成为新城南圩的涝水行泄通道，区域新增调蓄空间282万立方米。在30年一遇最大24小时设计降雨条件下，高风险区域面积较建设前减少了20%。

蓄排结合，优化升级水安全韧性。通过示范期系统化全域建设海绵城市，增强城市蓝绿调蓄空间，蓄排结合，提升城市内涝防治能力，城市内涝积水点基本消除。2024年汛期我市出现9轮暴雨，总降雨量为941毫米，7月12日16时至13日16时，市区24小时最大降雨量227毫米，超过30年一遇223毫米降雨量（最大小时雨强78毫米，超50年一遇最大小时雨强77毫米）情况下，城区未出现严重内涝。

多措并举，涝污共治，水环境质量巩固提升。巩固提升水环境治理成果，涝污协同治理，打造了老城区涝污共治典范。市区建成区74条已"长制久清"水体中，Ⅴ类及以上水体70条，占比95%。

临江桥下穿积水点整治前
（42毫米/小时降雨，2022.6.5）

临江桥下穿积水点整治后
（46毫米/小时降雨，2024.7.13）

海绵型公园内蓄滞型植草沟
发挥转输调蓄功能

海绵型绿地内雨水花园
发挥调蓄净化功能

海绵型道路内下沉式绿化带
发挥净化滞蓄功能

海绵型小区内旱溪
发挥平急两用的功能

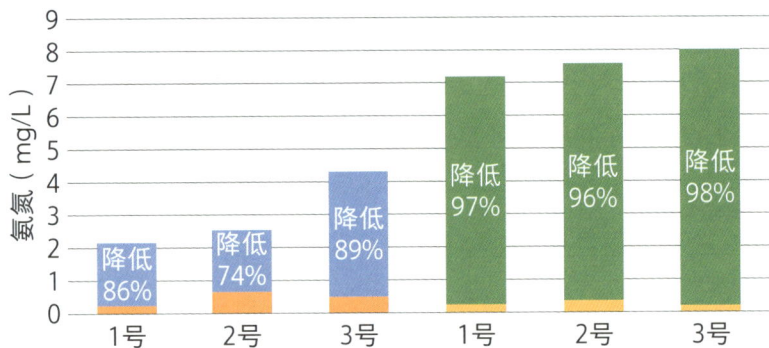

主城区部分已"长制久清"水体2020年与2024年水质对比情况

成果共享，群众满意，全方面提升人居环境。通过水安全韧性优化和水环境巩固提升的全面推进，坚持海绵惠民，以小雨不湿鞋、大雨不积水、水清岸绿、鱼翔浅底的高质量人居环境品质，让市民乐享海绵生态空间福利。

保兴埠水质稳定V类

打造集"生态处理、中水回用、活水保质、安全保障、景观提升"等多功能于一体并兼顾"碳中和、生态、景观、文化"多角度融合的开放型水生态公园，为周边群众提供一个游览、休闲、娱乐的公共绿地。项目将水体治理、资源利用与提高区域排涝韧性、城市人居环境改善、休闲娱乐、科普教育有效融合，充分践行了"长江大保护"和绿色发展的理念。

胜利渠暗渠改造前
现场杂乱，存在安全隐患

胜利渠暗渠复明改造后
成为周边居民的休憩场所

全国海绵城市建设案例集

小江改造前
水面垃圾多，护岸杂乱

小江改造后
实现水清岸绿，鱼翔浅底

朱家桥尾水净化生态公园航拍图

朱家桥尾水净化生态公园实景图1

朱家桥尾水净化生态公园实景图2

广州市

城市特征

广州市地处"三江汇流、八口通海"的珠三角水网地区，是中国南部中心城市，粤港澳大湾区枢纽城市，城市建成区面积1324平方公里，常住人口约1883万。地势北高南低，水系丰茂、水网密集，北部是山区型枝状水系、南部为环状水网，山水林城江海交融。全年雨量丰沛，多年平均降雨量达1857毫米，汛期4～6月降雨量占全年降雨量的近一半。

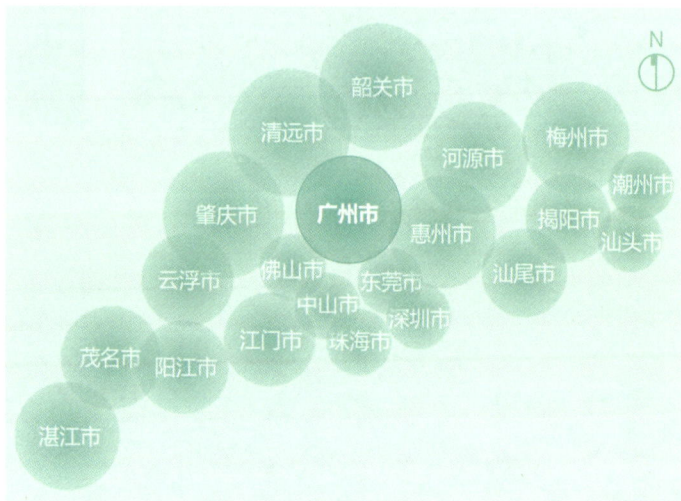

广州区位图

广州市面积广、建筑密度大、老城区问题多、城中村密布、地下管道复杂，在海绵城市推进过程中遇到一定挑战。

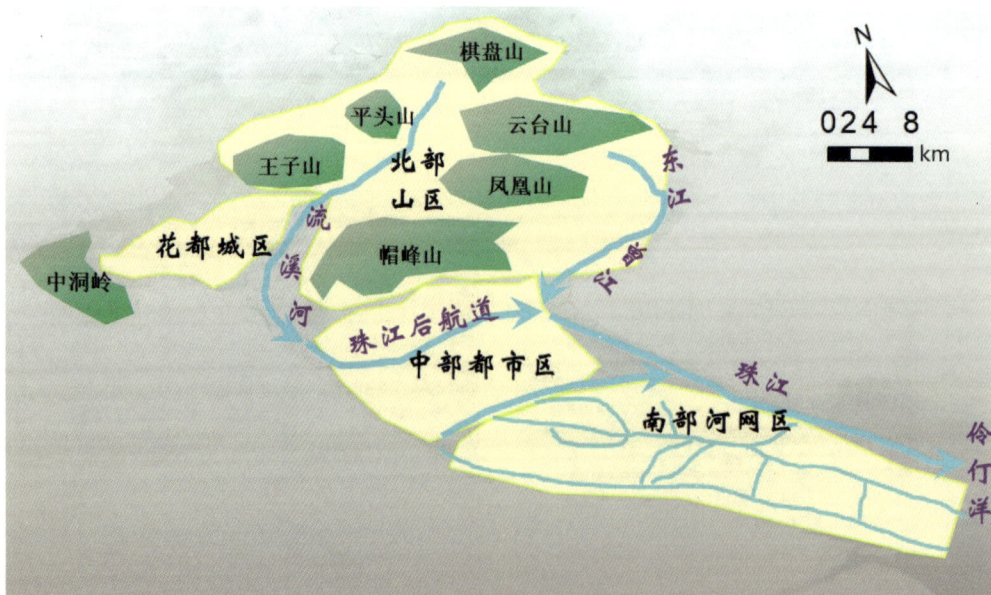

广州市地形地貌示意图

建设思路

广州市城区开发强度大，排水设施建设年代早、建设标准低、排水系统设施老化问题严重，造成污涝矛盾突出，加上极端降雨多发，洪潮叠加对城区排水系统造成较大压力。

加强防洪防潮，理顺洪涝关系：上游北部山区除险加固山塘水库，中游中部都会区加强河湖水系连通，下游南部河网区堤防加固，提升防洪潮能力。

因地制宜建设海绵城市：聚焦老城区水质污染和内涝问题，用"绣花功夫""见缝插针""项目+海绵"等方式建设海绵城市，在老旧小区改造、系统推进地块雨污分流和暗渠改造项目中建设海绵设施、优化排水系统、更新排水设施，达到"污涝同治"目标。

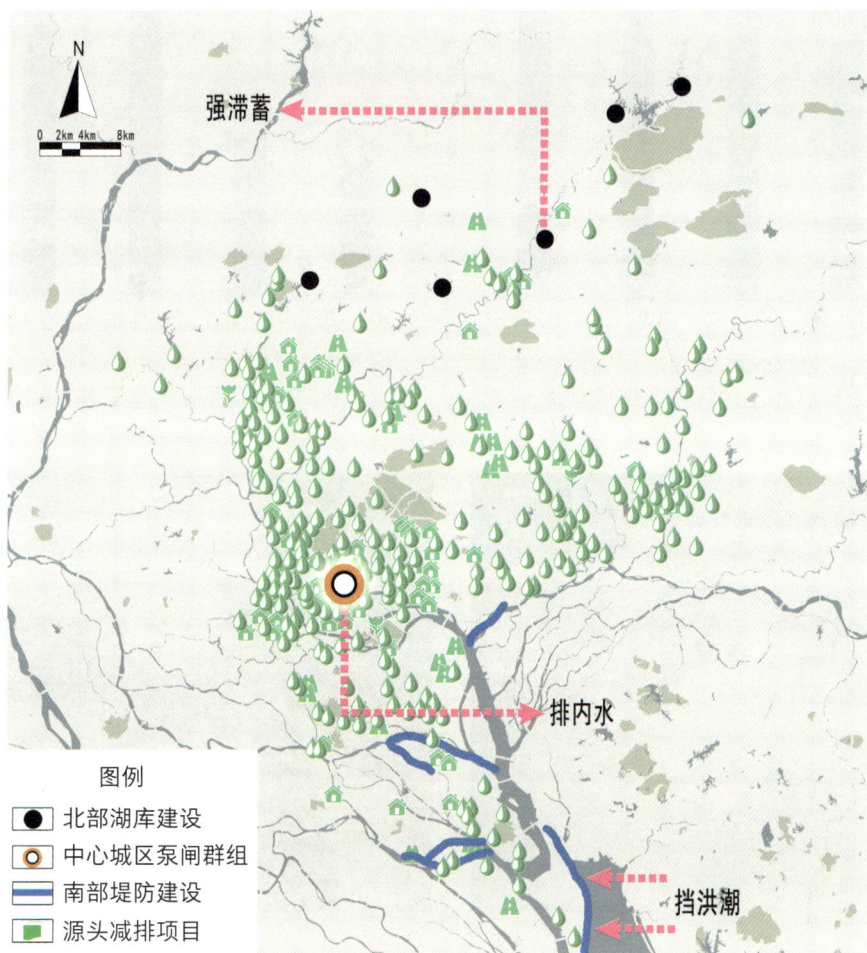

广州市海绵城市建设布局图

建设成效

147条城市黑臭水体全面消除，且未出现返黑返臭现象，国省考断面水质达到目标要求，历史上严重影响生产生活秩序的易涝积水点基本消除，实现"污涝同治"。

城市生活污水集中收集率自2019年的80.1%提升至93.5%，污水处理厂进水BOD_5浓度自98.4毫克/升提升至107毫克/升。

积累一批海绵城市建设好做法，盘活废旧土地。例如云憩里公园项目，原为路旁废弃荒地，雨天容易水土流失，且旁边小区存在积水现象，

广州市近年城市生活污水集中收集率

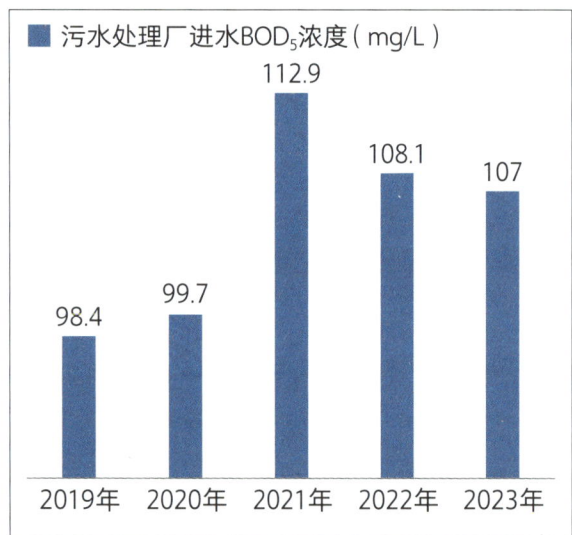

广州市近年污水处理厂进水BOD_5浓度

车陂涌治理前
水质黑臭，生态环境差

车陂涌治理后
水质清澈，河床植物丰茂

结合道路改造将本片区建设为休闲公园向周边市民开放，通过径流组织将旁边小区积水引入渗透塘、旱溪等设施，消除小区积水现象的同时也为公园渗透塘等提供水源，提升了公园景观品质。

项目雨水径流组织和主要设施分布图

海绵景观实景图1

海绵景观实景图2

海绵景观实景图3

佛山市

城市特征

佛山市地处珠江三角洲腹地。2023年，城市建成区面积192平方公里，常住人口961万，多年平均降雨量为1768毫米，城市依水而建、因水而兴，是典型的岭南水乡城市，有西江北江两大水系穿城而过，2189条河涌、132座湖泊纵横交织，形成了"有河皆成网，无处不成河"的平原河网格局，依托联围堤防、灌排闸站设施，构建圩区排涝体系。

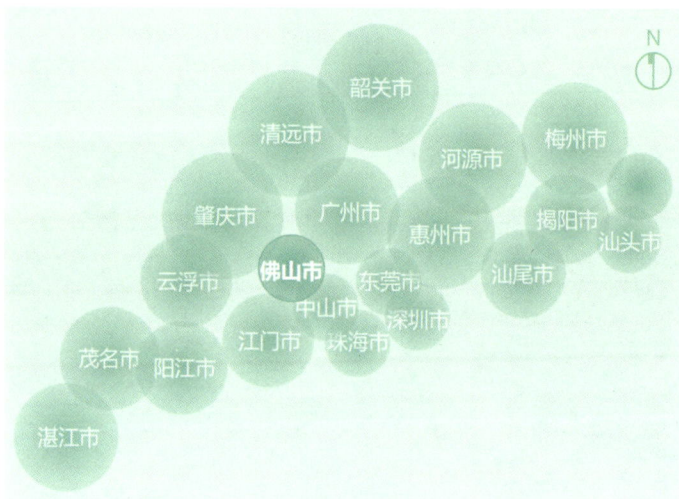

佛山区位图

佛山市水系格局

降雨前通过内河涌预排，增加圩区调蓄空间，降雨时雨水经各级雨水管渠逐步汇集，就近自流排入内河涌，再通过闸口泵站排入外江河。

佛山海绵城市建设以提高内涝防治能力和提升污水收集能力为核心，通过联围排涝的模式构建排水防涝体系，统筹协调外江—水闸（电排站）—内河涌的水位调度关系，以全市29个联围为海绵建设单元，系统推进海绵城市建设。

佛山市佛山新城潭州水道

建设思路

　　佛山市作为岭南水网发达区域，降雨量大，管网易受河道顶托，雨水排口淹没出流造成内涝积水风险，建成区内尚存因排水出路受阻与管网、设施能力不足造成的易涝点，而且平原水网地区，地下水位高，河水倒灌导致外水浸入，污水收集能效偏低。

佛山市典型联围海绵城市建设系统图

　　联围外部，结合生态廊道建设，推进堤防达标加固，补齐闸站设施短板，提高圩区外排能力。

　　联围内部，一是蓄排结合，充分发挥内部河网湖库调蓄功能，给水以畅行空间，通过排涝水系建设、调蓄空间打造，推进易涝风险区域整治；二是结合管网排查修复、溢流排口治理、河涌低水位运行来推进污涝共治，提升污水收集能效；三是推进源头减排减量，有效缓解城市面源污染，将海绵城市融入老旧小区改造、学校基础设施提升等改造更新中，赋予设施功能的同时，打造精致和谐的人居环境。

建设成效

蓄排并举，提高城市韧性。充分利用天然湖塘等低洼区域设置调蓄空间，打造了明湖海绵公园，新增20万立方米调蓄空间，对应内涝防治标准降雨量235毫米，可有效调蓄42毫米，贡献率达到18%。

佛山市明湖公园（调蓄湖体）

系统治理，消除积水隐患。2023年11号台风"海葵"带来的"9·8"特大暴雨，经治理后的东海银湾桂澜路辅道易涝点未出现严重水浸现象。

东海银湾桂澜路辅道易涝点治理前
2022年9月8日，单日24小时降雨185毫米

东海银湾桂澜路辅道易涝点治理后
2023年9月8日，单日24小时降雨343毫米

助力"绿美佛山"，实现高质量发展，将海绵城市建设融入城市建设微更新、微改造中，通过海绵化改造，有效提升公共空间品质、人居环境质量，切实提升居民生活的幸福感和获得感。

佛山市海绵城市建设注重设施与景观的和谐统一，兼具功能、美观、生态、人性化等原则，高低竖向设计错落有致，植物景观搭配科学合理，小品设施增加互动体验，通过植物搭配、碎石铺设隐藏雨水立管断接口、下沉式绿地溢流口等设施，致力于建设高品质、高颜值海绵项目。

文翰湖周边改造前裸露土地

文翰湖周边改造后雨水花园

文翰湖公园——植草沟

东平水道城市客厅——绿色屋顶

季华实验室公建——雨水管断接

佛山市三龙湾九年一贯制学校
——雨水花园全貌

三龙湾九年一贯制学校——雨水花园溢流口

佛山市三龙湾九年一贯制学校
——隐藏雨水立管断接处

中山市

城市特征

中山市位于广东省南部，市域面积约1783平方公里。2024年，中心城区建成区面积约85平方公里，常住人口约87万。沿江靠海、三面环水，河涌纵横交织，水库山塘集中，地下水位较高、土壤渗透性能较差。

中山市处于珠江三角洲中部偏南的西、北江下游出海处，地形地貌以冲积平原为主，市域南部低山丘陵台地错落其间。城市整体地势低平，排水的自然动力不足。

中山市属于亚热带季风气候，多年平均降雨量约1928毫米，台风、龙舟水期间极端降雨量大、频次高。

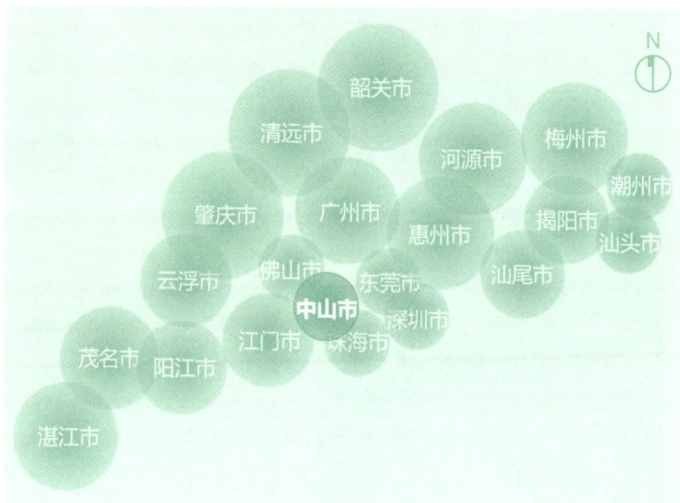

中山区位图

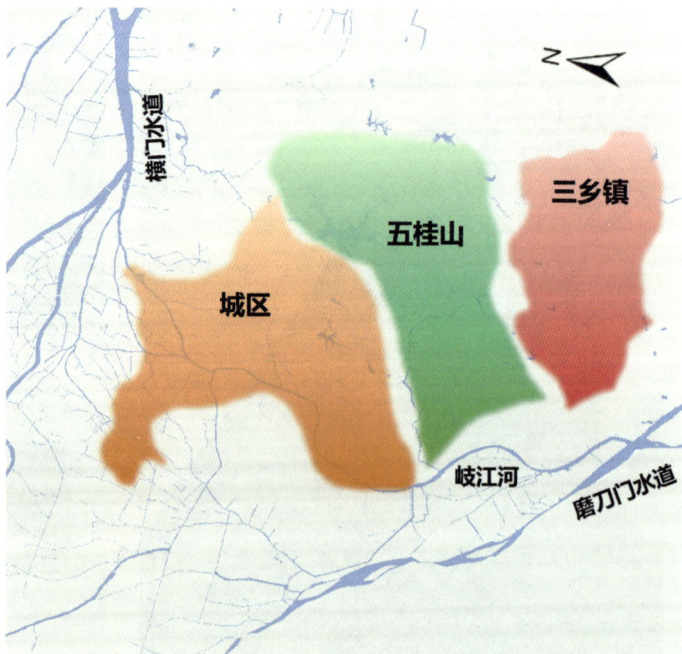

中山市城区地形地貌示意图

建设思路

风、暴、潮、洪同时发生，中山市内涝风险较高；雨天污水溢流造成河涌水质不稳定，统筹治污、治涝是中山市海绵城市建设的重点。

优先完善外挡内蓄区域防洪排涝体系：巩固提升现状洪水、潮水挡潮堤岸及水闸，新建、重建、扩建西河泵站、九顷泵站等外排泵站53座，提升城市涝水强排能力。

重点平衡蓄排结构，增强雨洪调蓄能力：结合古香林公园等建设五桂山山洪公园调蓄群，充分利用人才公园等公园水域强化城区涝水调蓄，提升洪涝调蓄能力，降低城市内涝风险。

同步完善排水设施，强化雨季污染控制：实施未达标水体和排水暗涵治理，持续完善现状排水管网并开展检测修复，畅通雨水行泄通道、强化雨季污染控制的同时提升污水收集处理效能。

严格建设管控，推动海绵城市设施建设：化整为零、就地消纳，将海绵城市建设内容严格纳入建设项目规划建设管控流程，强化雨水就地滞蓄和减排。

中山市海绵城市建设布局图

建设成效

蓄排并举，排涝安全水平显著提升。城区8处历史内涝点已消除7处，内涝风险降低；三乡镇中心蓄洪湖新增151万立方米调蓄空间，极大降低了三乡城区内涝风险。

城区公园雨洪调蓄群
为五桂山山洪调蓄新增约121万立方米调蓄空间，保障城区排水安全

涝污同治，城市水环境质量全面改善。16条城市黑臭水体全部稳定消除，白石涌等历史黑臭河涌整治后成为人民群众

三乡镇中心蓄洪湖
为三乡涝水调蓄新增约151万立方米调蓄空间

休闲散步的好去处，主要水质指标达到地表水Ⅳ类；城区污水集中收集率由示范前的不足60%提升至87.3%，污水收集处理效能显著提升。

环境改善，人居环境质量大幅提升。通过公园绿地建设、老旧小区改造等，实现"小雨不湿鞋、大雨不内涝、环境有提升"，有效提升城市及居住环境品质，让市民切身体会到海绵城市带来的新气象、新变化。

民科东路积水点整治前（45毫米/小时，2022.9.16）

民科东路积水点整治后（60毫米/小时，2023.6.14）

孖涌综合整治前

孖涌综合整治后

白石涌党校段综合整治后
实施河涌清淤、截污、源头排水管网完善
等综合治理

东区紫荆阁老旧小区改造后
开展雨污分流、建设透水铺装

中山市古香林公园、儿童公园、金钟湖公园等公园群
提供山洪调蓄的同时，成为网红休闲公园

城市特征

孝感市位于湖北省东北中部，地处长江以北，大别山、桐柏山脉以南，江汉平原北部。城市建成区位于市域南部，2024年，中心城区建成区面积约59平方公里，人口数量约50万。

城市多年平均降雨量为1100毫米，近年来暴雨多并强度大，且有上升趋势。

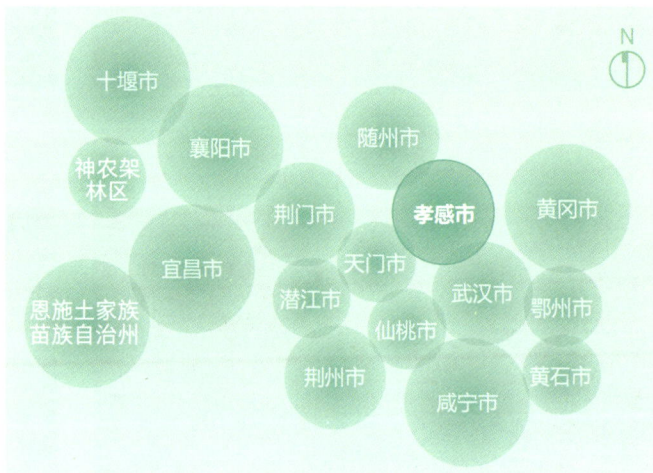

孝感区位图

孝感市地势平坦，水系丰富，湖塘众多，是典型的平原湖区。位于长江一级支流府澴河的下游，距长江口仅50公里，排水受外河高水位顶托影响。

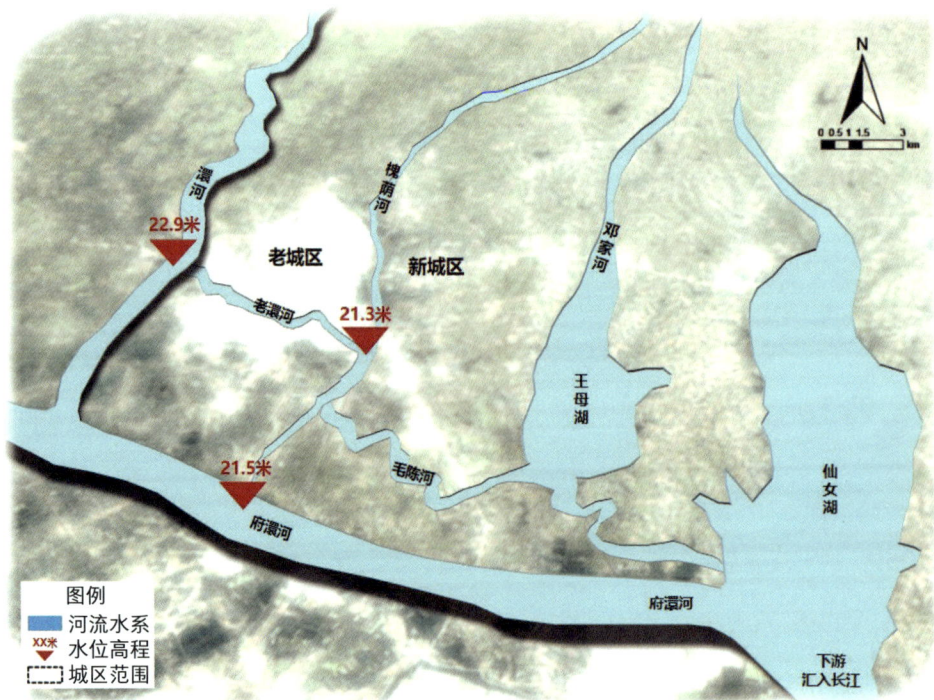

孝感市排水特征示意图

建设思路

城市排水条件不利，局部地区容易内涝。流域层面，连通自然水系，利用毛陈河为城区分洪；清退王母湖、仙女湖2个湖泊的圩垸，发挥湖泊自然蓄洪的能力；改造6座排涝泵站，增加排涝能力，并降低启泵水位，缓解河道高水位顶托问题。城市层面，小区和道路最大程度利用绿地建设能够调蓄雨水的空间，减少雨水排放；对不达标的雨水管道和泵站进行改造，保留自然湖塘并建设为公园，对管道和泵站

治理思路图1

治理思路图2

无法及时排出的雨水进行调蓄；打通城市3条排涝水系，提升排涝能力。

城市水系丰富但生态较为脆弱，水质较难稳定达标。注重小区和道路竖向高程设计，合理组织路面、屋面等水质较差的雨水进入绿地，利用海绵设施进行水体净化，削减雨水污染；对老城区36平方公里合流区进行雨污分流改造，并全面进行管道清淤，削减污水入河污染；治理3条城市内河，解决河道严重淤积问题，改善水质，并通过建设生态岸线、净化湿地等，增强河道自净能力。

建设成效

城市"分洪、蓄洪、防洪"水平进一步提升，并形成了"四分靠滞水、五分靠排水、一分靠蓄水"的蓄排结合的排涝体系。内涝防治水平总体达30年一遇标准（可应对24小时降雨量247毫米，最大1小时降雨量81毫米），基本消除了25处易涝积水点。

2023年以来，城区成功经受住多次强降雨考验，尤其是2024年7月13日大暴雨期间（接近30年一遇标准，最大1小时降雨量78毫米）城区未发生内涝，与2021年8月12日（30年一遇标准，最大1小时降雨量81毫米）情况形成鲜明对比。

城市水环境质量巩固提升，人居环境显著改善。城市污水集中收集率由37%提至61%，城区污水处理厂进水BOD_5浓度由75毫克/升提至103毫克/升，3条城市内河水质由Ⅴ类、劣Ⅴ类提升至Ⅳ类标准。各类项目海绵功能与景观有机融合，城市活力进一步激发，海绵城市建设顺应民众期盼，理念深入人心。

澎湖湾小区易涝积水点治理前
2021年8月12日，30年一遇降雨，最大1小时降雨量81毫米

澎湖湾小区易涝积水点治理后
2024年7月13日，30年一遇降雨，最大1小时降雨量78毫米

澴川路易涝积水点治理后
2024年7月13日遭遇30年一遇强降雨，澴川路全段积水不超过10厘米，海绵设施发挥了重要的雨水调蓄作用

老澴河治理前
污染严重，水质为劣V类

老澴河治理后
自然生态得到恢复，水质达到Ⅳ类

槐荫河治理前
岸线被侵占、淤积严重、水质差

槐荫河治理后
水面宽阔、生态恢复，水质达到Ⅳ类

2020年～2023年城市3条内河水质变化情况

内河名称	2020年水质	2021年水质	2022年水质	2023年水质
槐荫河	V类	Ⅳ类	Ⅳ类	Ⅳ类
老澴河	劣V类	Ⅳ类	Ⅳ类	Ⅳ类
邓家河	V类	V类	V类	Ⅳ类

城市特征

漳州市位于福建省东南部，东临台湾海峡，与台湾省隔海相望。2024年，中心城区建成区面积为102.88平方公里，常住人口约100万。

漳州市主城区坐落于福建省最大的平原——漳州平原，地势平坦；被九龙江西溪、北溪环绕，临海滨江，水网密布。

漳州市多年平均降雨量为1560毫米，常受台风暴雨侵袭，短时降雨量大。

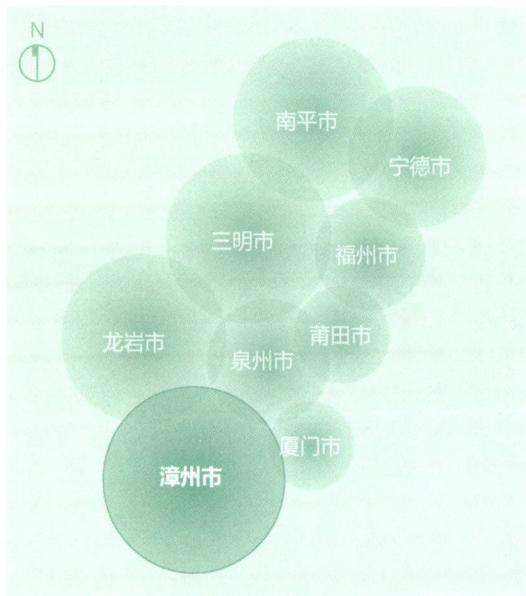

漳州区位图

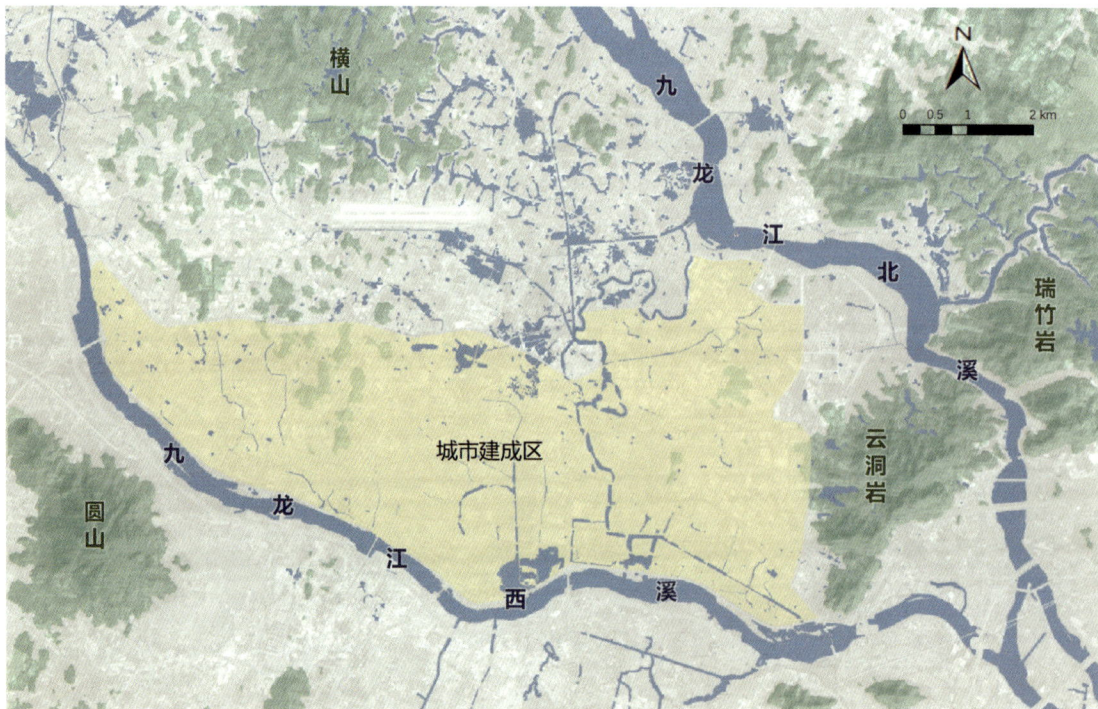

漳州市地形地貌示意图

建设思路

漳州市地处九龙江下游，流域性洪水会对外江水位产生较大影响；地处东南沿海，台风暴雨频繁，短时降雨量大。外江顶托、城市排涝体系建设不完善导致的城市内涝和短时降雨量大、排水分流不彻底导致的雨天水体污染是目前城市面临的最大威胁。

构建城市海绵大框架

挖潜蓝绿空间，保护修复城区2座山体，提升山体雨水滞留、涵养能力；整合低洼地，建设上美湖、湘桥湖等10座城市大型雨水调蓄公园；打通117公里内河水系，提升河道排涝能力，串联盘活调蓄空间；建设5座强排泵站，提升内河排江的强排能力，解决外江高水位顶托导致城市内河排水不畅的问题。山体涵养、湖体调蓄、河道连通、泵站排放，构建起市区海绵骨架。

丰富源头海绵小设施

在海绵大框架基础上，针对市民群众"急难愁盼"问题，实施源头海绵设施建设及雨污分流改造，实现雨水减量、污染减排。

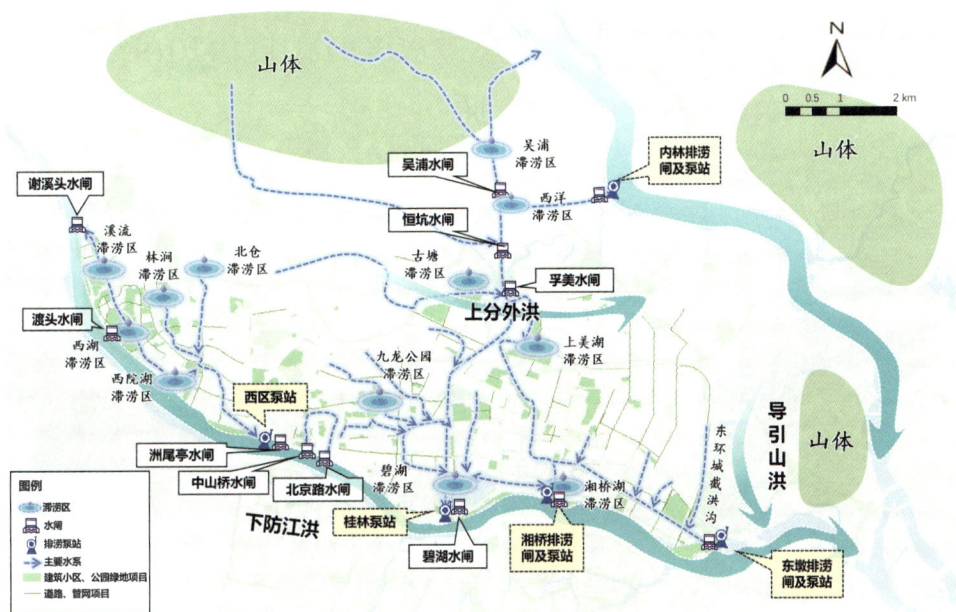

漳州市海绵城市建设体系图

海绵建设进部门、进校园、进小区，通过系统实施透水路面、雨水花园等设施，滞蓄源头的雨水；开展1280个居住小区、公建单位等雨污分流改造，实现"小雨不积水、大雨不内涝、水体不黑臭"，市民群众"出行不湿鞋"。

盘活街角闲置地、道路退让绿地，建设海绵型口袋公园，旱天作为市民游憩空间，雨天滞蓄道路、小区雨水，提升区域排涝韧性。

建设成效

市区排涝能力显著提升：通过海绵城市建设，新增调蓄水体面积868亩、水体调蓄空间由313万立方米提升至519万立方米，提升66%；强排能力由103.25立方米/秒提升至181.25立方米/秒，提升76%；内涝防治标准由5年一遇（163毫米/24小时）提升至20年一遇（211毫米/24小时）。

在工程措施能力提升的同时，推进管理体系完善。成立"联排联调中心"及福建省南部应急排涝中心，进一步挖潜城市排涝韧性，保障市区在"杜苏芮""苏拉"等台风影响下安全度汛。2024年汛期以来最大一场降雨发生在4月25日，市区24小时降雨量约为210毫米，未发生积涝情况，排涝能力提升显著。

市区生活污水集中收集效能显著提升：实施全覆盖的雨污分流改造、排水管网排查改造，市区污水处理厂进水BOD_5浓度由2019年的71毫克/升

上美湖调蓄水体公园

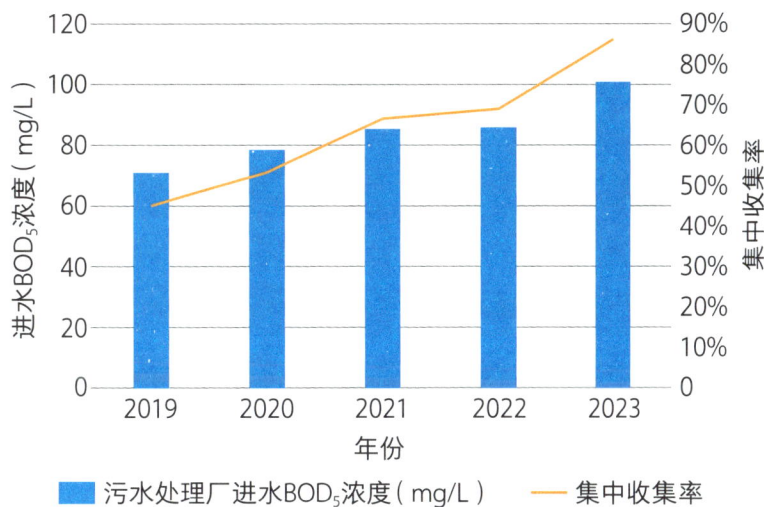

2019年～2023年年底进水BOD$_5$浓度和集中收集率变化曲线

提升至2023年的101.2毫克/升,污水集中收集率由45.02%上升至86.28%。市区内河水环境质量明显提升,部分河道达到地表Ⅳ类水标准。

充分利用起街角闲置的荒地,打造雨水滞蓄、市民休憩的城市景观节点、口袋公园。以点串线,以线连面,形成规模化的雨水径流控制效应和连片化的景观效应,提升人居环境品质。

以生态调蓄空间建设带动片区开发,把原本地势低洼、水体黑臭的城中村整合改造为城市调蓄公园,拓宽了水系,带动16.8平方公里片区开发,结合文旅、康养等产业,打造"漳州古城""闽南水乡"等各具特色的水韵街区,将城市发展痛点变为群众网红打卡点。如闽南水乡"花灯节""龙舟赛"等活动,恢复传承市民群众"知水、乐水"的文化传统,实现人与自然的和谐共处。

环城河整治前实景图

环城河整治后实景图

国贸天成海绵公园建设前

国贸天成海绵公园建设后

九十九湾海绵公园"寓教于乐"

护京花园安置房"古今融合"

"龙舟赛"活动
通过河道涨落带提升排涝能力的同时，恢复水乡特色文化

02

山水相依
丘陵城市

山西	长治市	晋城市	
浙江	金华市	衢州市	
安徽	六安市	马鞍山市	
江西	鹰潭市		
河南	信阳市		
湖北	宜昌市	襄阳市	
湖南	株洲市		
广西	桂林市		
四川	广安市	泸州市	绵阳市
贵州	安顺市		
云南	昆明市		
陕西	渭南市	铜川市	

城市特征

长治市位于山西省东南部，东倚太行山，西屏太岳山，两山环绕，构成高原地形，俗称"上党盆地"。长治市是华北地区中等城市，土壤渗透性良好，多年平均降雨量为571毫米，但人均水资源量仅611立方米，是严重缺水城市。城市建成区面积约75平方公里，城区人口数量约79万。

长治市是典型的华北地区平水带山水相依丘陵城市，主城区东倚老顶山，西邻漳泽湖，形成"东山—中城—西水"的格局，城市排水条件较好，排涝方式以重力自排为主。

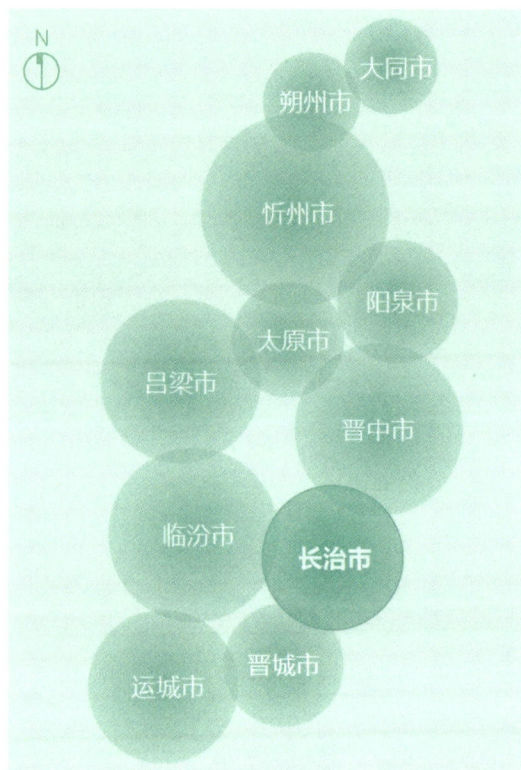

长治区位图

长治市地形地貌示意图

建设思路

长治市城东面临山洪威胁，城中排水等基础设施薄弱，城西采煤沉陷区的生态环境亟待修复，这给长治市海绵城市示范城市建设提出了较大挑战。

城东：实施老顶山山体修复，构建山洪排泄通道。 上游借助自然洼地建设山洪滞蓄塘，缓冲湍急的山洪；下游北部恢复13.3公里壁头河山洪通道，南部构建南外环排洪渠，打通东山—西水外洪通道，引流山洪水绕城而出。

城中：强化蓄排并举，整治内涝积水，提升城市韧性。 源头100余处地块全面落实海绵理念；过程治理上实施65公里道路雨污分流及6条暴雨行泄通道，并整治易积水区15处；末端建设雨洪调蓄公园等。

城西：开展采煤沉陷区生态治理，增强雨洪调蓄能力。 借助采煤沉陷区坑塘洼地，建成漳泽湖15万立方米的调蓄空间，实现对城区雨水的调蓄，提升城市排水防涝能力。

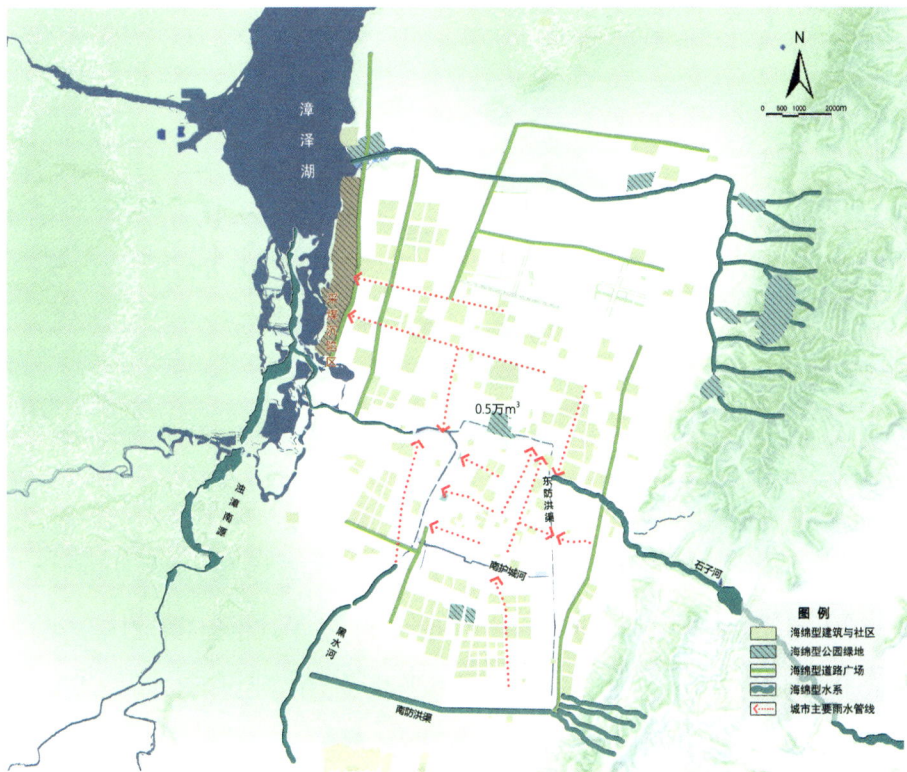

长治市海绵设施布局图

建设成效

城市安全韧性全面提升。通过绿色生态设施优先，蓝绿灰结合，实现城市内涝防治标准基本达到30年一遇（103毫米/24小时），内涝积水点基本消除。2022年10月，在城区24小时降雨达108毫米（超过30年一遇）情况下，城区未出现严重积水，居民生活基本未受影响。

水资源得到充分利用。通过再生水及收集到的雨水于旱季回补至河道，实现河道水生态环境大幅提升的目标，使居民生活品质显著改善。

花园街积水点整治前（97毫米/24小时降雨）

花园街积水点整治后（108毫米/24小时降雨）

建设前石子河干旱缺水

建设后石子河碧水荡漾（再生水及雨水补给）

城市人居环境显著改善，运用海绵城市理念修复采煤沉陷区，将"城市伤疤"修复为生态高地。利用漳泽湖东岸采煤沉陷区现状坑塘洼地，建成自然生态的调蓄空间，收集上游12.5平方公里城区雨水，生态环境极大改善，打造形成美景如画的湿地公园，2024年五一期间客流量超15万人，真正成为市民共享的绿意空间、网红打卡胜地。

漳泽湖东岸采煤沉陷区整治前实景图
区域多处塌陷，部分塌陷坑塘变成黑臭水体，生态环境不佳

漳泽湖东岸采煤沉陷区整治后实景图
采煤沉陷区打造为海绵公园，坑塘变为雨水调蓄塘，生态环境全面改善

城市特征

晋城市位于山西省东南部，东枕太行山，四周群山环绕，中部相对低洼，俗称"晋城盆地"。城区内有白水河、花园头河、回军河等12条河流穿过，形成了"青山环城、曲水营城"的海绵生态格局。

晋城市是华北地区中等城市，属大陆性季风气候，多年平均降雨量为624毫米。2023年，中心城区建成区面积83平方公里，人口64万。城区排水条件较好，排涝方式以重力自排为主。

晋城市地形坡度平均为6%，极端降雨时北部山体洪水入城快，容易在道路路面

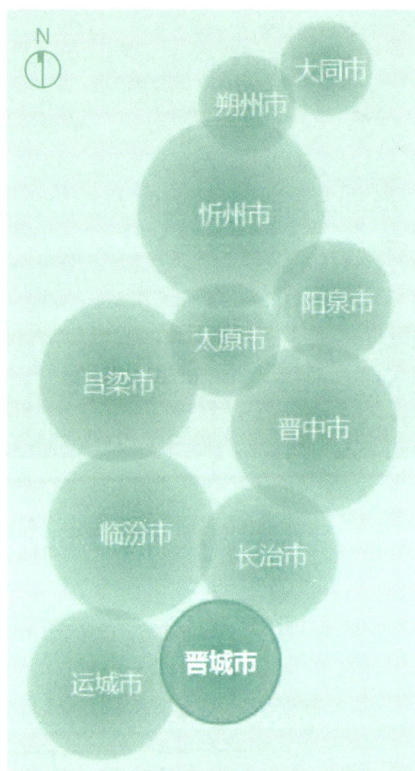

晋城区位图

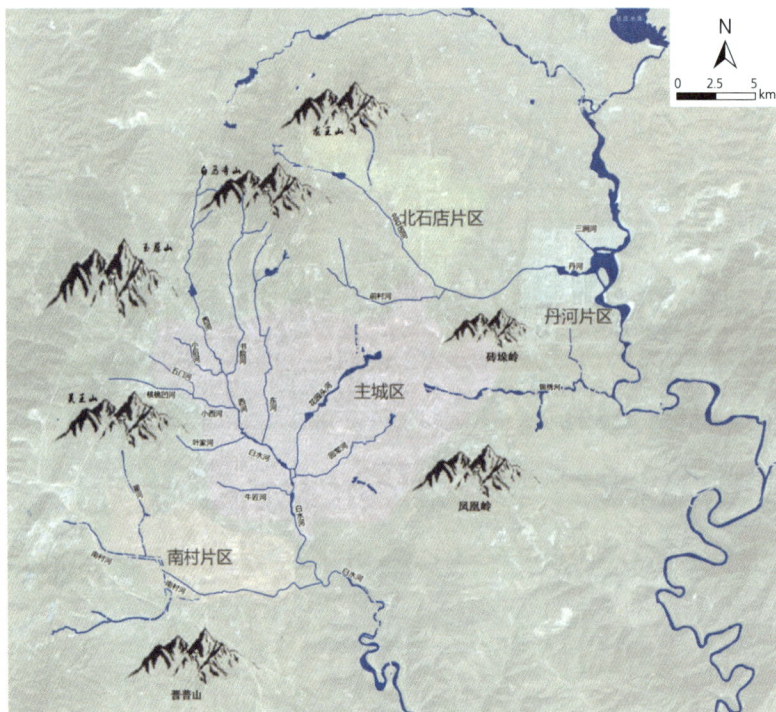

晋城市地形地貌示意图

上形成快速水流；主城区内部分河道不连通，路面雨水入河通道受阻，易造成短期积水，排涝防洪路径存在"卡脖子"点。同时，主城区内存在部分雨污合流管网，汛期雨水进入污水管网，易在管网交汇处发生污水顶冒现象。

建设思路

针对晋城山洪入城风险高、排涝路径受阻以及雨污混流的问题，采取"上蓄、中疏、下泄"的治理思路。

上蓄：修复保护山水格局，构建流域海绵体系。围绕流域源头破损山体修复、采煤沉陷区生态化治理，修复治理上游龙门水库、人民水库、缓洪水库等，并建设龙马湖、温馨湖等调蓄空间，总调蓄能力约182万立方米。

中疏：蓄排并举整治内涝积水，污涝同治消除污水冒溢。源头100余处地块利用下沉式绿地、雨水花园等生态措施原地消纳雨水，累计整治30公里行泄通道和19处易积水区域；关键节点利用龙湾公园、东南带状公园

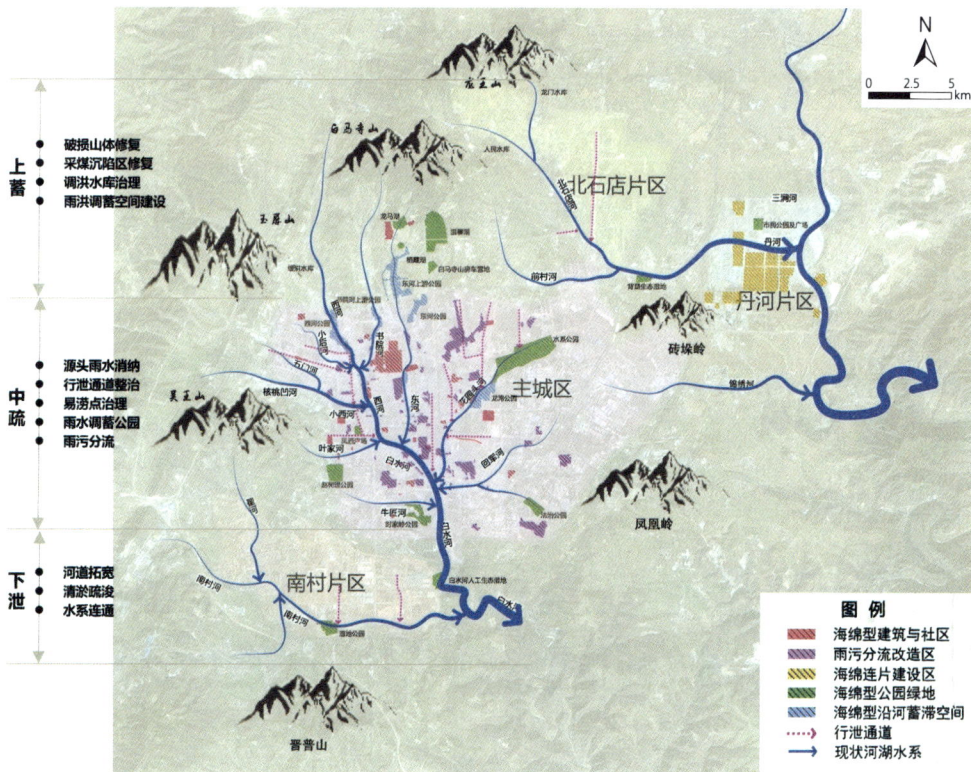

晋城市海绵设施布局图

等地形特点，建设雨洪调蓄公园，增加调蓄空间30万立方米；按流域分区阶段性推进主城区雨污分流，解决污水冒溢问题。

下泄：畅通主要泄洪通道，打开入河节点。拓宽东河、西河、花园头河等6条河道，清淤疏浚、上下游水系连通共计15公里，打通"卡脖子"段，大幅降低极端洪涝灾害所带来的影响。

建设成效

城市安全韧性全面提升，水环境治理成效初步显现。提升调蓄空间约30万立方米，内涝防治能力显著提升，城市排涝标准基本达到30年一遇（79毫米/24小时），内涝积水点基本消除。打开城市道路沿线入河通道70余处，实现就近、分散排水，有效地解决道路行洪问题。推进主城区全域雨污分流改造，污水顶冒点位减少70%。

将海绵城市建设融入煤矸石采空区修复，探索资源型城市水循环系统修复路径。龙马湖在煤矸石采空区修复的基础上，挖掘蓄水空间约5.4万～8万立方米，大幅提升城区上游的雨洪调蓄空间，降低山洪入城风险。同时，景观环境得到显著改善，龙马湖水面柔和灵动、湖岸自然亲切、植被景观丰富，水榭凉亭与湖水相映成辉，为游客和市民提供一处绝佳的康养圣地。

紧贴山地丘陵城市地形特征，建设"让自然做功"的海绵城市。东南

东河上游治理前俯视图

东河上游治理后俯视图
河道水系连通，恢复河道行洪功能

带状公园利用地形、气候等自然优势，承担片区雨水消纳，减缓雨水汇流，削减降雨峰值，有效缓解下游河流管道洪涝压力。水体可调蓄容积约4万立方米，显著提升了城市应对洪涝灾害的能力与韧性，为应对极端降雨天气提供了坚实可靠的保障。

太岳街冒溢点整治前（29毫米/小时降雨）

太岳街冒溢点整治后（30毫米/小时降雨）

龙马湖南扩项目建设前

龙马湖南扩项目建设后

东南带状公园项目建设前

东南带状公园项目建设后

金华市 　　　　　　　　　　　　　　　　　　　浙江

城市特征

　　金华市位于浙江省中部，钱塘江上游，地处金衢盆地东段，系钱塘江、瓯江、椒江3大水系发源地，土壤渗透性良好。四季分明，年温适中，热量丰富，降雨充沛，干湿两季明显，多年平均降雨量为1528毫米。2024年，建成区面积118.5平方公里，人口数量109.85万。

　　金华市是华东地区典型的山水相依丘陵城市：主城区地势南北高、中部低，由盆周向盆地中心呈现出中山、低山、丘陵岗地、河谷平原阶梯式层状分布的特点，形成了"三面环山夹一川，盆地错落涵三江"的格局。排涝方式以重力自排为主。

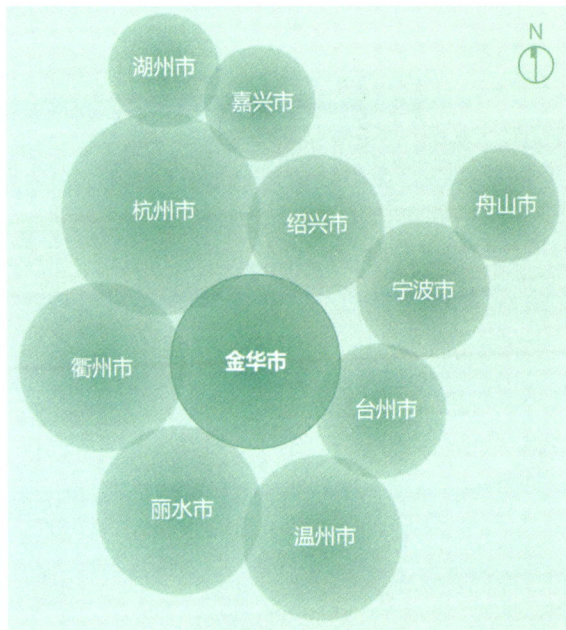

金华区位图

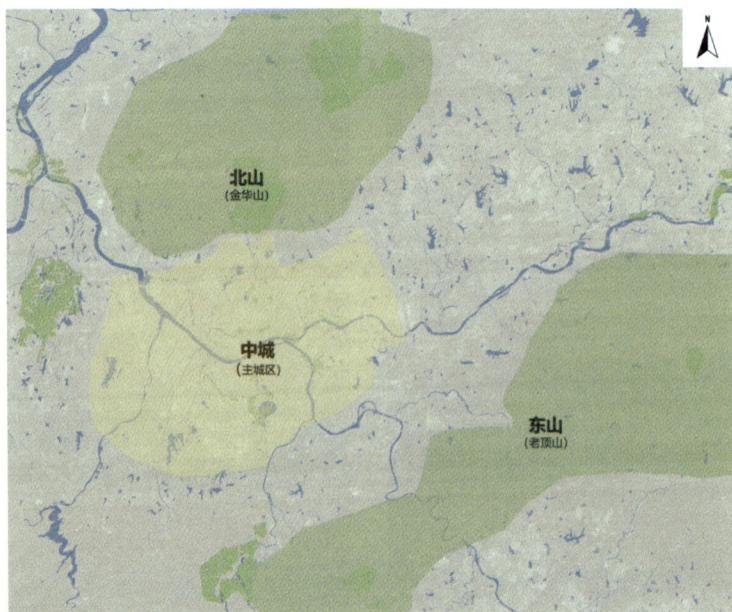

金华市地形地貌示意图

建设思路

中心城区受北山山洪入城、流域外洪过境、城区雨水难排和微丘地形地貌影响，易出现洪涝叠加风险高的现象；因地处钱塘江、瓯江、椒江三江源头，承担着保障三江优良水质的重要功能，会面临水系发源地旱、污、涝交织的问题。

金华市海绵城市以洪涝统筹、污涝共治为思路进行建设，以蓄洪降低涝水体量、以治污腾让涝水空间、以抗旱置换涝水时间。

洪涝统筹。围绕"三库三溪"系统工程，扩容改造山下吴水库、山口冯水库，新增库容493万立方米，建设连通渠4公里，全面降低山洪入城风险、提升河道行泄能力；结合地形、排水管网情况，中心城区建设7处具备雨水调蓄条件的公园/湿地，调蓄空间总计107万立方米。旱季加强雨水资源化利用，雨季蓄水调洪，延缓排水洪峰出现时间。

污涝共治。针对金华市区雨水管网排查工作发现的雨污混接点，制定整治方案，减少污水占用雨水管道的情况，使污水入厂，腾让雨水排涝通道。

金华市海绵设施布局图

建设成效

城市安全韧性全面提升。金华江沿线河段在保障岸线防洪及水资源保护功能的同时，着力提升岸线的水生态修复、景观文化休闲等功能，逐步将沿江地块打造成为区域生态绿道、生态湿地、景观公园带。

自然海绵空间得到保护。保护与修复流域自然调蓄空间，将中心城区重要水域控制线纳入蓝线管控范围，提升城市韧性。改造湖海塘公园、凤凰山公园等7处为雨洪调蓄公园，增加调蓄空间，实现蓄排并举，推进城市洪涝统筹治理。

燕尾洲公园
旱季用作城市居民休闲娱乐的场所；雨季可淹没，调蓄雨水

优化城市人居环境。东市南街海绵城市建设项目、金华市外国语学校金东小学、金华市婺城新城区污水零直排区建设项目等源头新改扩建项目全面落实海绵理念，建设低影响开发设施，控制区域雨水径流，目前已建成32个海绵社区。结合金华市铁路文化公园、湖海塘公园、东湄公园等建设，城市人居环境得到有效改善，人民群众的幸福感、获得感得到满足。

东市南街海绵城市建设项目

通过将道路与海绵城市建设结合，呼应未来生态科学城的特点，同时兼顾人车出行休闲需求

金华市外国语学校金东小学

通过因地制宜建设海绵城市设施，寓教于境，使孩子们直观地观察、了解、学习海绵城市建设相关知识

铁路文化公园

通过废旧场地的改造建设，增加可渗透面积的同时为群众提供了具有文化气息的活动场所

金华市湖海塘

通过对原有水面的恢复与保护，雨水调蓄总容积305万立方米，提高周边城区排涝能力

城市特征

衢州市位于浙江省西部，金衢盆地西段，浙皖闽赣四省边际中心。2023年，衢州中心城区建成区面积88平方公里，人口51万，素有"四省通衢、五路总头"之称，是全国最大的氟化工先进制造业基地。

衢州市位于钱塘江源头，水资源丰沛，多年平均降雨量为1838毫米，出境水水质常年保持Ⅱ类以上；是长三角乃至整个华东地区的重要生态屏障，承担着涵养水源、保护水环境、缓解下游防洪压力的重要职责。

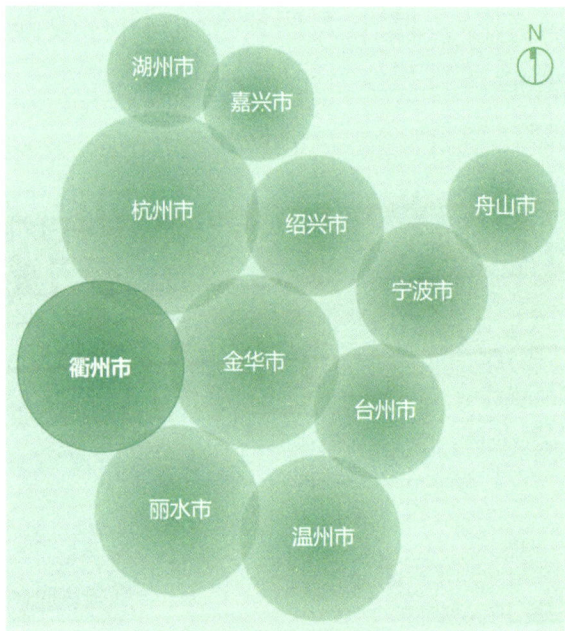

衢州区位图

中心城区北倚千里岗，南屏仙霞岭，整体呈现"两屏障一盆地"地理格局，衢江穿城而过，雨季洪峰流量大、山洪汇流快。

衢州市地形地貌示意图

建设思路

针对洪水汇流快，外江水位上升易造成城市内河顶托的问题，采用灰绿结合的防洪排涝治理思路；针对衢江出境水水质要求高，同时工业区存在一定的面源污染问题，采用点面协同的径流污染治理思路。

构建灰绿结合的生态防洪排涝体系。城市排涝方式依托闸泵，优先运用生态防洪理念，通过海绵城市建设，改变传统的、单一的防洪模式，采用多元化的治理手段，打造信安湖、石梁溪等河湖两岸可淹没式生态岸线，增加过境洪水调蓄能力，建设开化水库、寺桥水库等，调蓄上游客水，整体提高城市防洪水平。通过采用上蓄下拦的排涝理念，实现蓄排平衡，治理内河水系，结合城市公园绿地布局13处调蓄空间，建设排涝闸站5座，市区强排能力提升至196立方米/秒，保障易涝点100%动态消除，强化内涝防治能力。

建设点面协同的径流污染控制体系。在城区2座污水处理厂与1座再生水厂建设尾水生态湿地，集中削减污染。利用现有生态防护林和景观林带，沟通水系，修复植被，恢复水土，构建工业区和生活区之间的生态屏障。

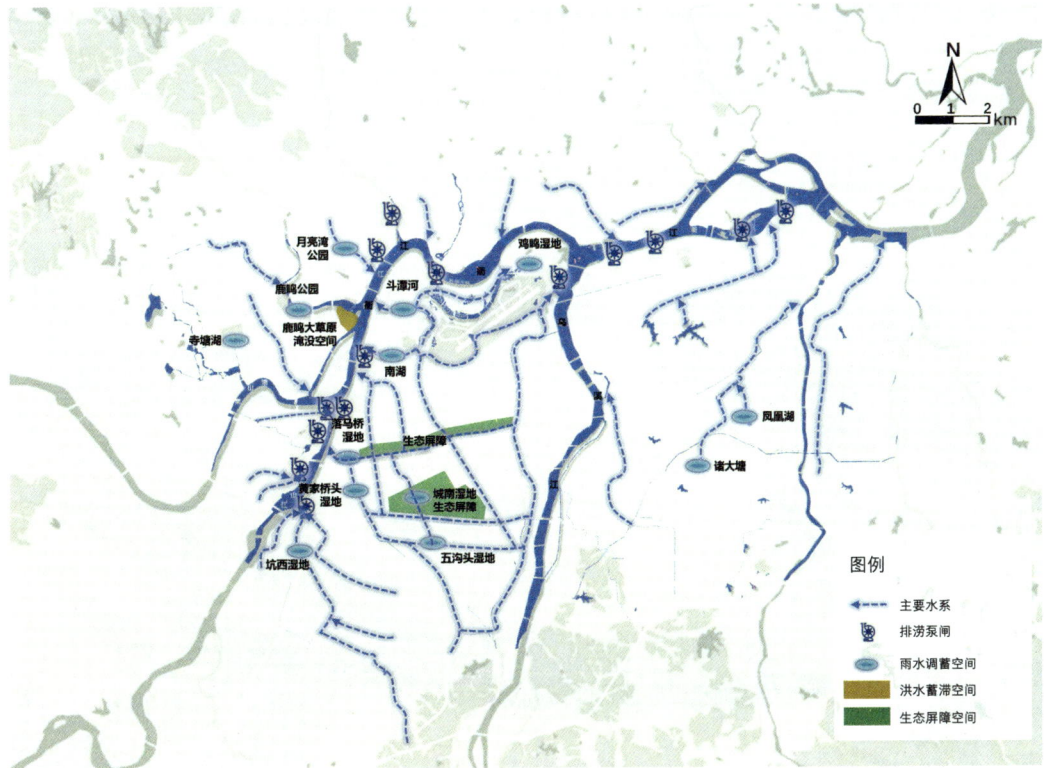

衢州市海绵城市建设体系图

建设成效

　　打造信安湖沿岸鹿鸣大草原可淹没式生态岸线，增加69万立方米的洪水滞蓄空间，城市主要内河水系设置13处调蓄公园，总调蓄量达90万立方米，老城区等重要防洪保护区防洪标准达到50年一遇，内涝防治标准基本达到30年一遇（178毫米/24小时），城市安全韧性显著提升。

鹿鸣大草原可淹没式生态岸线（平时）

鹿鸣大草原可淹没式生态岸线（遭遇百年一遇洪水）

打造1.5平方公里的城南湿地公园和健身公园生态屏障，污水处理厂尾水湿地日处理量15万立方米/天，出境水水质连续7年保持Ⅱ类以上，提升钱江源头水环境质量，助推产城共生。解决了工业污染与城市发展的矛盾，以点带面，形成了全域绿色发展的格局，城南湿地公园、信安湖等越来越多的城市海绵空间成为衢州人的"城市阳台"和热门打卡点。

工业区生态屏障

城南湿地公园

信安湖

城市特征

六安市地处鄂豫皖三省交界处。2023年，中心城区建成区面积约83平方公里，城区人口约61万。六安市多年平均降雨量为1120毫米，旱涝急转频繁；境内地形水系复杂，集深山、浅山、丘陵、平原于一体，有河流99条、水库1156座。

六安市是江淮之间丰水区山水相依丘陵城市，地处江淮分水岭之间，长三角最西部，城市上游为皖西大别山生态屏障。城市从西南向东北形成"山地—丘陵—平原"的格局，主城区

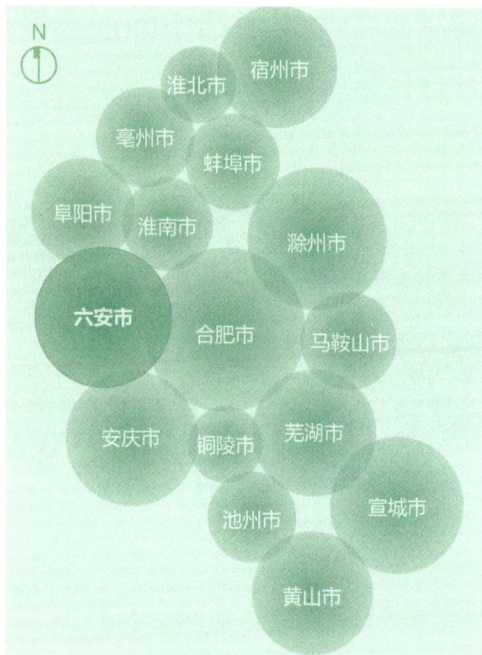

六安区位图

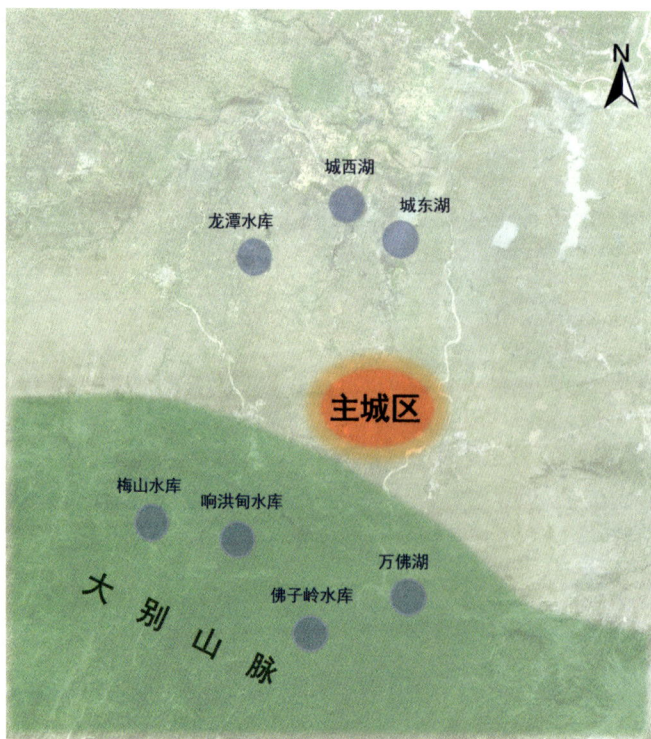

六安市地形地貌示意图

地势较为平坦，城市建成区绿地率高，调蓄空间较多，排水条件较好，排涝方式以自排为主、强排为辅。

建设思路

六安市多年平均降雨量虽然比较充沛，但年际及年内降雨量分布呈现不均衡态势，每年降雨集中在5~8月，且六安地处大别山脉与江淮平原过渡区域，地形坡降较大，导致雨水来得急、来得猛、排得快，难以保留涵养，易造成洪涝及干旱双重灾害。

结合现有水利工程，充分挖掘六安市水系多、绿地广的优势，利用现有河道周边沼泽地、低洼地、湿地、池塘进行海绵化改造，通过工程措施将部分河道雨水保留下来，雨季减缓强降雨对六安城区防洪排涝的影响，同时保留下来的雨水可作为六安市旱季生产、生活杂用水，六安市沿城区内河及过境河道周边改造建设多座湿地公园，实现留住雨水、利用雨水的目的。

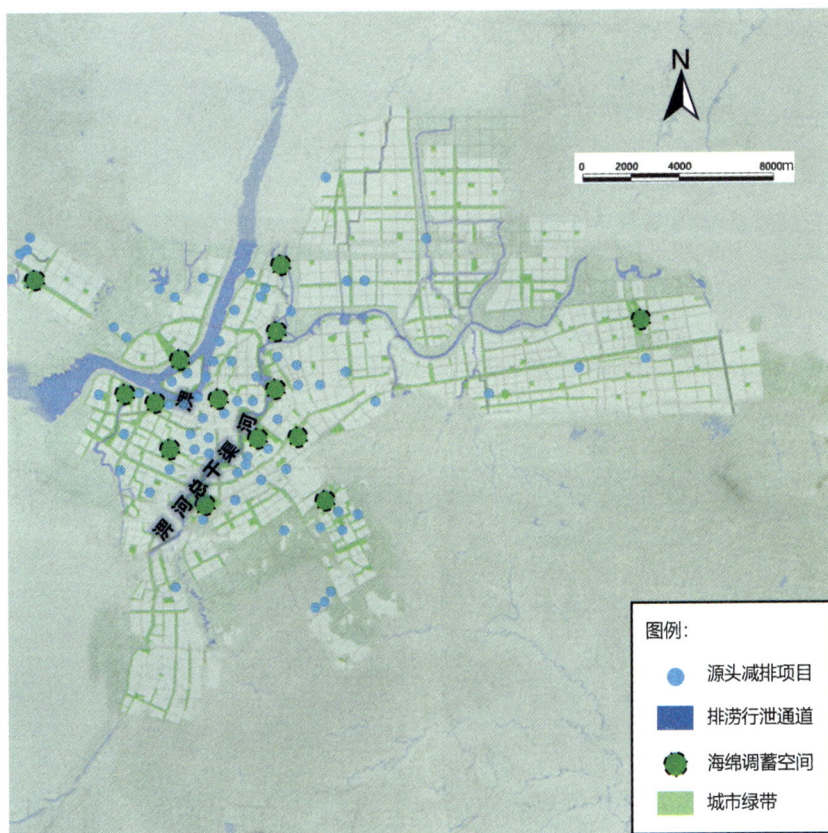

六安市海绵设施布局图

建设成效

秉持可持续发展理念，采用"草沟+生态池塘+湿地+生态河道"等工程措施，改造区域内的湿地、水体、绿地、农田，营造生态绿肺，有效控制水量、水质，最大程度将雨水保留下来，实现水资源循环利用。同时对苏大堰上游3座污水处理厂共24万立方米的尾水进行全收集、全处理，改善入溠河水质，该地块作为片区末端雨水调蓄中枢，承接周边片区雨水，有效提高内涝防治水平，保障周边区域水安全。

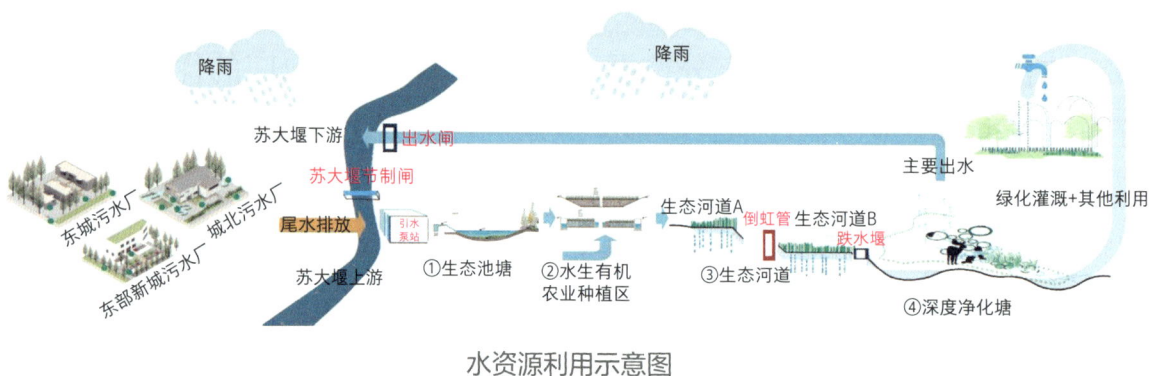

水资源利用示意图

赓续公园——多功能调蓄空间

全域植被缓冲

多区域生态蓄水

城市特征

马鞍山市位于安徽省东部，是长三角区域一体化发展中心城市。2023年，中心城区建成区面积105平方公里，常住人口约80万。地处长江沿岸、东部为低山丘陵、西部为冲积平原，总体呈现"九山环一湖"的山水格局。全市属亚热带湿润性季风气候，多年平均降雨量为1151毫米。

马鞍山市因钢设市，是一座典型的资源型工业城市。城区东部山丘，矿山矿区集中，西部滨江，工业企业密布，形成"矿区—城区—厂区—外江"的发展格局。两条主要防洪河道慈湖河、采

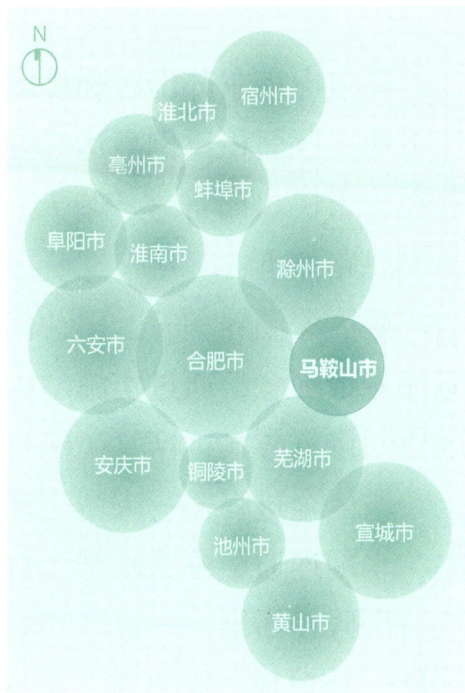

马鞍山区位图

马鞍山市地形地貌示意图

石河由中心城区穿过，通过闸门与长江相连。城区排水条件较好，排涝方式以重力自排为主。

建设思路

马鞍山市东部山区和矿区面临生态环境破坏和水土流失问题，西部沿江工业厂区面积比例高达三分之一，生态环境和人居环境脏乱差问题一直存在，市民出门常常"晴天一身灰、雨天一身泥"。对此，海绵城市建设主要思路如下：

矿区深涵养——上山"修"水，开展两河源头矿山修复与涵养。运用海绵城市理念，通过实施"山水不入管、泥水不入河、酸水不入城"的矿区协同修复方案，恢复矿区自然水文条件。

城区全过程——入城"理"水，全面增强城市排水韧性安全。全面建立"水网连通、源头减排、过程畅排、末端调蓄"的城区内涝防治体系。

厂区控污染——进厂"治"水，开展工业厂区水环境治理。构建"控污染、补短板、零直排、增绿色"的工业厂区+海绵体系，探索工业厂区水环境治理新路径。

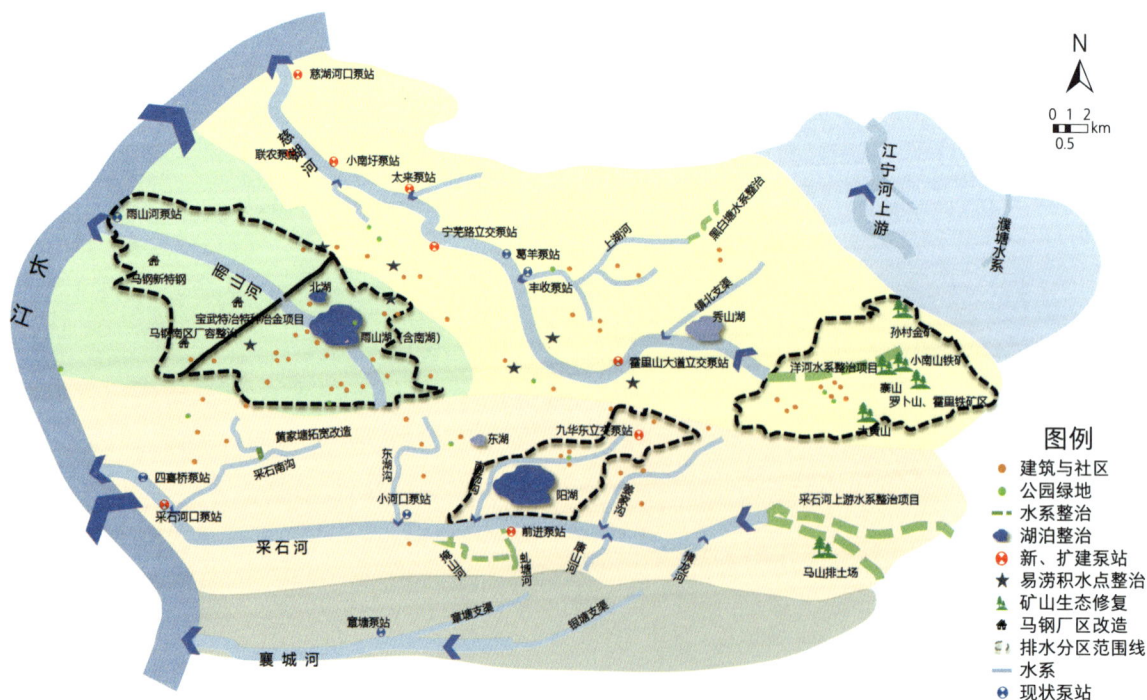

马鞍山市海绵城市建设体系图

建设成效

矿区生态系统得到修复涵养。依托生态环境导向的开发模式（EOD模式），累计完成22个共485公顷矿坑和排土场的生态修复，减少水土流失面积85%以上，减少进入下游河道和管网的泥沙量高达90%。

凹山矿坑生态修复前

凹山矿坑生态修复后

工业厂区生态环境治理成效得到巩固提升。马钢厂区内工业废水和生活污水经深度处理100%回用于工业生产，实现污废水零排放，厂区面源污染控制率由22%提升至54%，切实有效保护长江水环境。相比于之前封闭式的厂区环境，如今的马钢厂区以及沿线205国道区域，生态环境和景观品质显著提升。

马钢厂区厂容整治前

马钢厂区厂容整治后

城区人居环境显著改善，海绵城市共建共享效应稳步显现。通过海绵小区改造、道路建设、公园游园改造，为市民提供绿色生态的休闲活动空间，极大改善提升了人居环境品质，建成了一批群众身边喜闻乐见的海绵城市精品项目。

阳湖公园建设前

建设前水体多为零散的藕塘、鱼塘，污染物残留，水体自净能力弱，缺乏流动性，景观性不佳

阳湖公园建设后

源头海绵设施：透水铺装、雨水花园、植草沟、旱溪……

鹰潭市

江西

城市特征

鹰潭市位于江西省东北部，北部为怀玉山脉，南部为武夷山—龙虎山山脉，中部中心城区地处信江冲积平原及低岗丘陵，长江二级支流、鄱阳湖一级支流——信江穿主城区而过。鹰潭市1983年升格为地级市，2023年，中心城区建成区面积约60平方公里，人口数量34万，是典型的南方地区山水相依丘陵小城市。

鹰潭市中心城区水系发达，地下水位浅；土壤为水稻土，渗透性差。城市位于区域降雨中心，雨量充沛，多年平均降雨量为1886毫米。

鹰潭市中心城区沿信江两岸发展，信江以北为信江新区，新开发建设区域，地势低洼，多小型湖库，

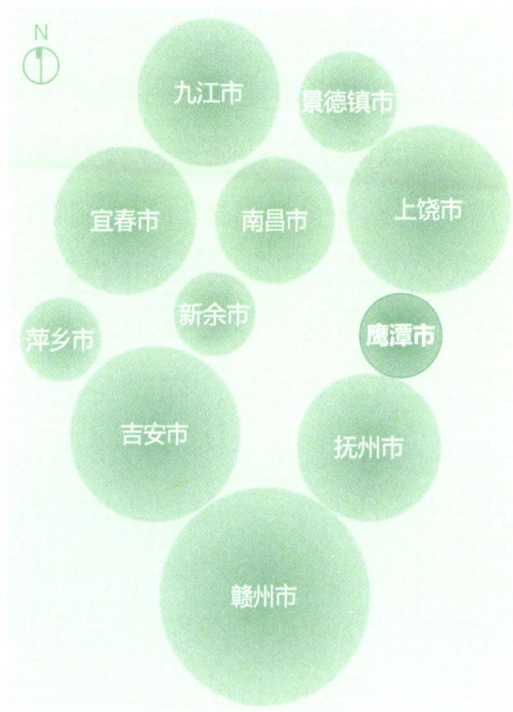

鹰潭区位图

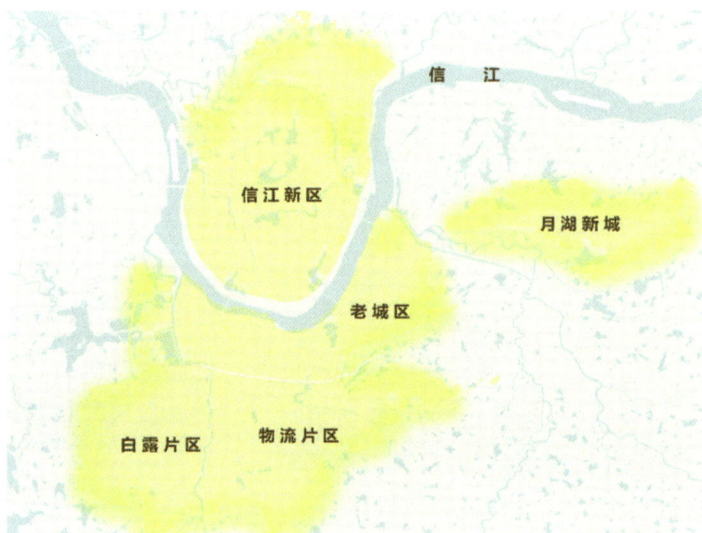

鹰潭市地形地貌示意图

通过4座沿江泵站强排涝水至信江；信江以南为老城区、白露片区等，人口、建筑密度大，地势较高，多河网、大型湿地，大多自流排入信江。

建设思路

鹰潭市城市建设起步晚，基础设施相对薄弱，排水设施短板明显。一方面，老城区下穿铁路处存在严重内涝积水点；另一方面，排水管道缺陷多，外水入流入渗、雨污混错接及污水外溢至水体风险大。综上，污水处理厂进水浓度低、河湖污染和内涝问题是鹰潭市海绵城市建设面临的主要问题。

蓄排并举：充分保护生态格局，新建、改造鹰西湿地二期调蓄湿地，增加本底滞蓄功能；同时打通石鼓渡河、夏家河等行泄通道，扩建刘家排涝站，构建蓄排一体的排涝体系，保障排涝安全。

污涝同治：一是源头地块海绵化改造，断接雨落管，使雨水走地上，污水走地下，雨污分离，海绵设施削减面源污染；二是市政雨污水管网同步实施雨污分流及扩容改造等，同时解决污水错混接及地面积水问题；三是对水体综合整治，建设生态岸线，消除污水直排口，生态化改造雨水排口，改善河湖水体水质、提升人居生活环境；四是中心城区重点实施信江新区、高桥片区、白露片区等厂网河湖园一体化建设项目，提升排水设施管理水平。

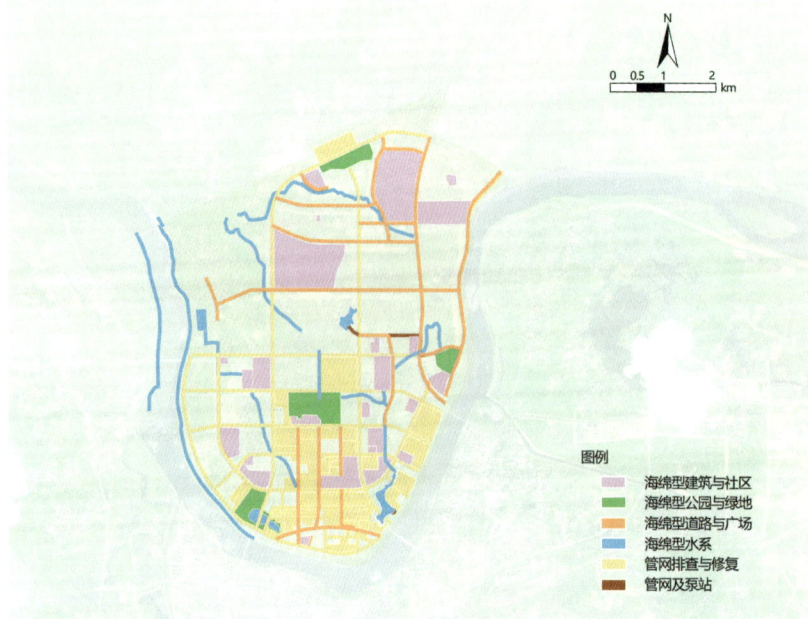

鹰潭市信江新区厂网河湖园一体化建设项目分布示意图

建设成效

精准治污，提升污水收集处理效能。结合城市更新行动和老旧小区改造，全面排查、整改排水管网。对信江新区全部29条市政道路及95个排水单元的479公里排水管网进行全面细致排查整治。项目实施后污水收集处理效能大幅提升，生活污水集中收集率从17.13%上升到65.7%，污水处理厂进水BOD_5月平均浓度从25.51毫克/升提高至125.38毫克/升。

排口综合整治，改善河湖水体水质。对石鼓渡河、白露河等9条河流和虎岭湖、龙潭湖等8处湖库进行综合整治，溯源排查整治282个排口，消除污水直排入河现象，改善水生态环境，黑臭水体全部消除，国控、省控水体断面水质全面达标。

石鼓渡河水系连通建设前

石鼓渡河水系连通建设后

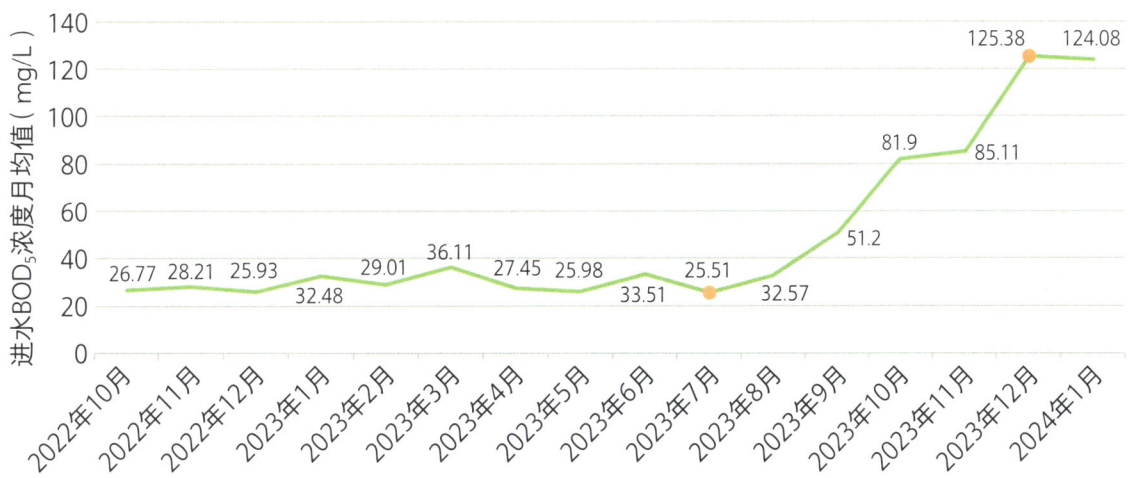

信江新区污水处理厂进水BOD_5月均浓度增长图

消除城市内涝积水点，提升城市排涝能力。一是消除了全部历史积水点。将西门涵洞内涝整治与南湖水环境整治工程相结合，对比2021年5月同期同级别降雨，西门涵洞无积水。二是提升了片区排涝能力。实施信江新区水系连通工程，对石鼓渡河、夏家河等6条河道全面清淤疏浚，恢复历史水系，连通河湖，优化雨水行泄通道；扩容排涝泵站，实施智慧管控和联排联调，提升蓄排能力，使片区排涝标准达到20年一遇（247毫米/24小时）。

西门涵洞积水点整治前（90毫米/24小时，2021.5.10）

西门涵洞积水点整治后（106毫米/24小时，2023.5.5）

补齐城市基础设施短板、提升人居环境。结合工程目标和群众需求改造，配套建设海绵地块120个，补齐城市基础设施短板，居住小区生活品质显著提升，增加了一大批优质的休闲娱乐空间，市民幸福感和获得感大幅提升，满意度提升至99%以上。

月湖区雅典城老旧小区改造前

月湖区雅典城老旧小区改造后

城市特征

　　信阳市位于河南省最南部，地处千里淮河上游、中国南北地理气候分界线，多年平均降雨量约1091毫米，素有"江南北国、北国江南"的美誉。2023年，中心城区建成区面积107平方公里，人口约97万。

　　信阳市是典型的中部地区山水相依丘陵城市。城区周边有七座浅山丘陵环绕，南北地势高差较大，平均坡度为千分之五。

信阳区位图

信阳市地形地貌示意图

浉河自西向东穿城而过，南北向有十八条内河、冲沟汇入浉河，城区内还有上百处天然坑塘、湖库。

建设思路

信阳市由于原先城市向上游开发，导致冲沟、坑塘等自然蓝绿空间侵占，雨水快速向下游老城转移，加重了老城内涝风险。由于小区、公建雨污合流比例高，内河沿线设有截流堰，晴天将自然生态基流截流至污水系统，雨天雨污水混合溢流入河，污染水环境。

保护修复大海绵体，以蓄代排，缓解老城内涝。划定城区23座山体、109处天然水域为保护范围，结合羊山森林植物园、东西绿廊等公园建设保留自然考虑空间，恢复城区上游9座雨洪调蓄湖、2条绿廊调蓄水系，就地蓄存、净化与回用雨水，缓解下游老城区内涝积水风险。

成片建设小海绵体，加强源头治理，缓解污水溢流。以排水分区为单

信阳市海绵城市建设项目分布图

位，推进小区、公建雨污分流及海绵化改造，拆除拦河截污堰，恢复清水还河，削减雨天溢流污染。

建设成效

2022年以来，信阳市共经历了14次强降雨考验，城区22处易涝点均未发生内涝积水，有效应对了超104毫米/小时的强降雨，提高了雨天市民出行安全，筑牢了城市防汛安全屏障。

四一路涵洞改造前
2021年7月16日最大小时雨强78毫米

四一路涵洞改造后
2022年7月5日最大小时雨强104毫米

羊山森林植物园
保护修复自然山体与16处天然坑塘群，发挥雨水调蓄、净化、回用功能

政府大院实施海绵化改造后，带头"拆墙透绿"，拉近了政府与老百姓之间的距离，示范带动150余家单位开展海绵化改造与围墙拆除，让市民亲身感受海绵生态空间福利。

政府大院

政府大院"拆墙透绿"，共享生态海绵空间

小区、公建实施雨污分流及海绵化改造后，拆除了拦河截污堰，彻底消除了雨天溢流污染，城市内河水生态环境显著提升，成为市民日常休闲打卡的好去处。

浉河三期水环境综合治理

城市特征

宜昌市位于湖北省西南部。2023年，中心城区建成区面积为208.96平方公里，常住人口数量为129.04万。多年平均降雨量为1163毫米。

宜昌市为典型滨江山地丘陵城市，中心城区沿长江两侧分布，地势西北高、东南低，地形坡度大，城市排水条件好，排涝方式以重力自排为主。

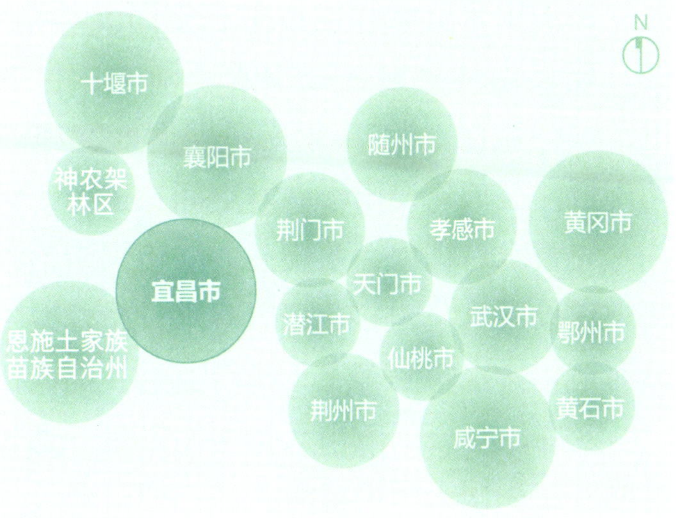

宜昌市位于三峡生态屏障区，担负一江清水东流重任，流域生态环境保护要求高。

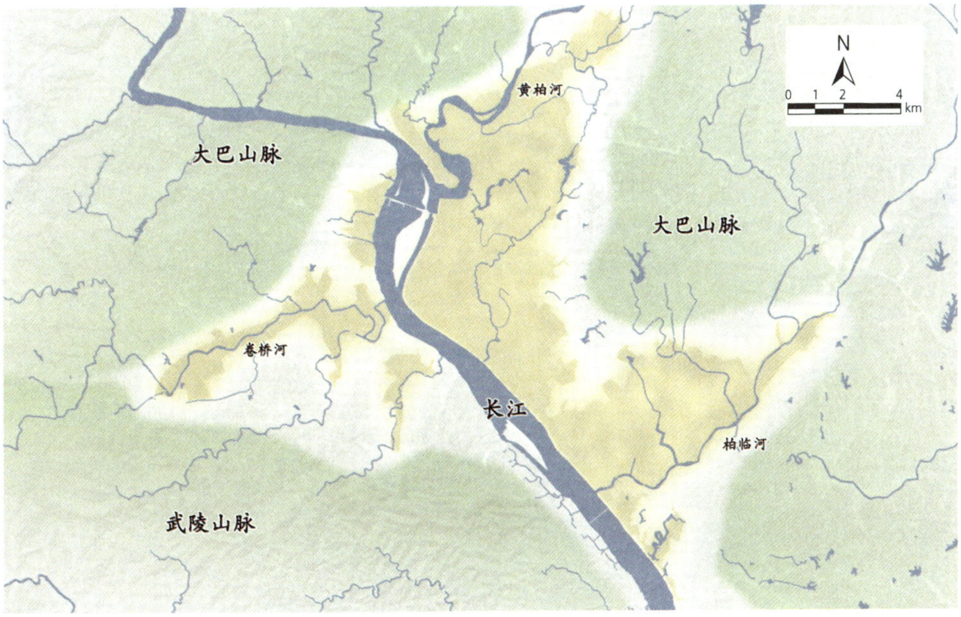

宜昌区位图

宜昌市地形地貌示意图

建设思路

为解决汛期山洪入城风险高、局部洼地雨天易内涝、内河水质不能稳定达标等问题，采取以下建设思路：

保护山水资源，发挥生态空间天然蓄水功能。划定永久保护山体142处，建设山体公园，减少水土流失；保留全市天然水域面积121平方公里，加强城区上游7座水库汛期调度管理，同时新建水库拦蓄上游雨洪，利用低洼区域建设雨水调蓄空间，避免山洪入城。

先蓄水后排水，系统开展城市内涝治理。通过在城市绿地、建筑、道路中建设雨水花园、花箱等蓄水设施，改造扩建排水管网及排口尺寸，整治河道、排水箱涵等主干排涝通道，提高城市内涝防治水平。

灰绿结合，削减雨天排河污染量。通过实施雨污分流改造，建设完善管网，减少雨天污染溢流入河；通过建设生态岸坡，利用植被过滤净化作用削减雨水中的污染物，降低雨天入河污染量。

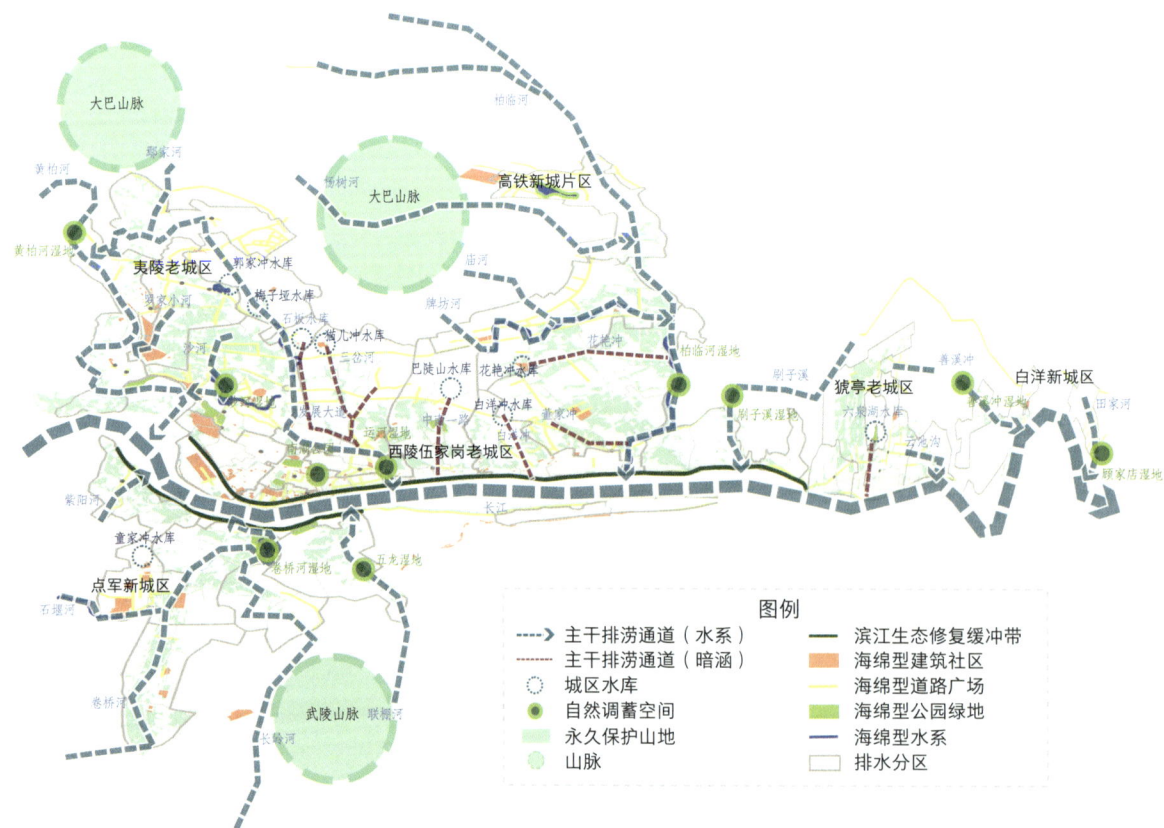

宜昌市主城区海绵城市建设内容示意图

建设成效

利用"自然做功"，汛期城市安全得到保障。保留城区山水自然资源，城区新增雨洪调蓄空间，减轻汛期山洪对城区的冲击，保障城市水安全。

破解雨天"行路难"，城市排水防涝能力明显提升。小区内部建设绿色海绵设施蓄水，实现雨水原地下渗，市政道路建设绿色海绵设施控制污染物和径流量，完善排水管网，畅通雨水排放，消除城区多年积水隐患点，市民出行不再"望洋兴叹"。

海绵城市建设与人居环境有机结合，"生态红利"惠及大众。山体公园、湿地公园、滨江公园等建设提高内涝防治水平，改善水环境质量、区域生态环境，成为城市"海绵"科普地、休闲游憩地、网红打卡地，居民满意度和幸福度得到显著提升。

郭家冲调蓄水库
新增调蓄容积58万立方米

屈原文化公园阶梯旱溪
新增调蓄容积1200立方米

卷桥河公园湿地
新增调蓄容积280万立方米

江坪路雨水花园

三峡大学家属院雨水调蓄池塘

黄河路口内涝点整治前（5毫米/小时）

黄河路口内涝点整治后（64毫米/小时）

中学生在卷桥河湿地开展生态实践课

滨江公园儿童戏水沙坑

沙河公园湿地

城市特征

襄阳市是汉江流域中心城市，位于湖北省西北部，南襄盆地南部，是秦巴山区生态屏障。2023年，襄阳市中心城区面积总计953平方公里，现状建成区总面积206平方公里。中心城区常住人口189万。

襄阳市总体地势西南高东北低，形成"六山一水三分田"格局，山地丘陵分布广。土壤渗透性较差、地下水水位较高，多年平均降雨量为855毫米，年际变化较大，年内季节分配不均，"坨子雨"等极端天气多发频发，最大日降雨量呈增加趋势。

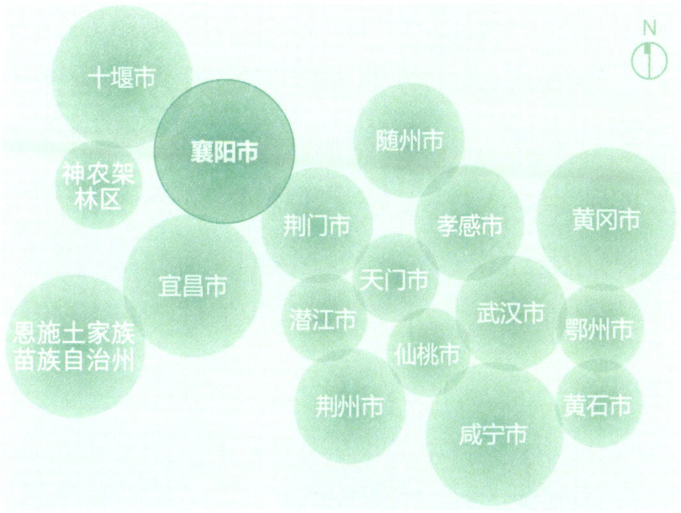

襄阳区位图

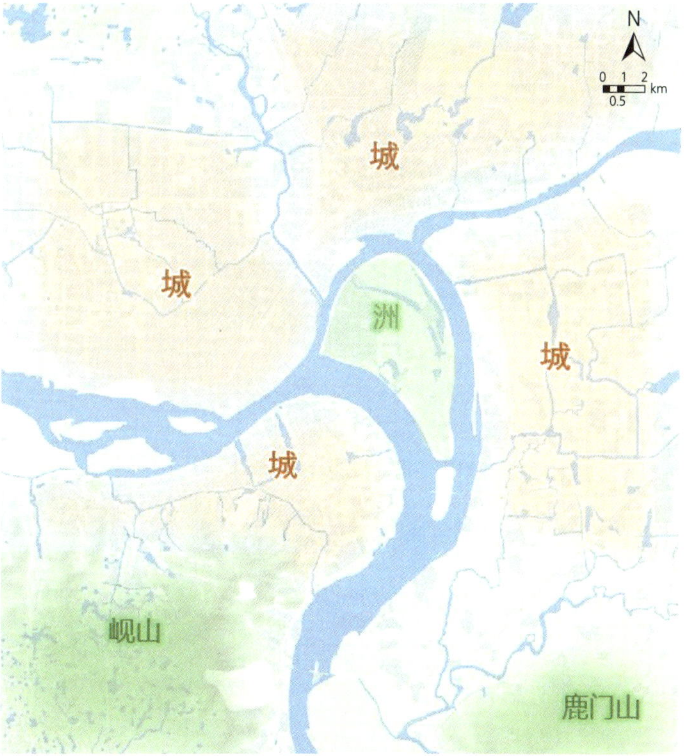

襄阳市地形地貌示意图

建设思路

汉江下游崔家营航电枢纽建成后，汉江水位抬升约3.2米，改变了排水格局，城区排涝从自排变为强排自排结合，老城区内涝积水问题严重。襄阳市以问题为导向，通过海绵城市建设系统缓解城市内涝。

加固堤防，增蓄强排，缓解外江顶托下城区排涝压力。加固襄州城区段部分堤防，提升流域防洪能力。利用老龙堤公园等建设雨洪调蓄空间，增加节点调蓄，缓解下游管网及河道排涝压力。推进邓城大道东泵站、丽明泵站等建设，提高城区强排能力。

完善通道，水系治理，恢复河道行泄能力。打通岘山和习家池等泄洪通道，开展襄水等水系整治与生态修复，恢复连山沟、洪山沟河道行泄与生态功能，增强河道水系行泄能力。

源头治理，控污分流，系统推进老城区内涝积水治理。源头通过对老旧小区实施海绵化改造、雨污分流改造等措施，实现雨水径流控制及污染

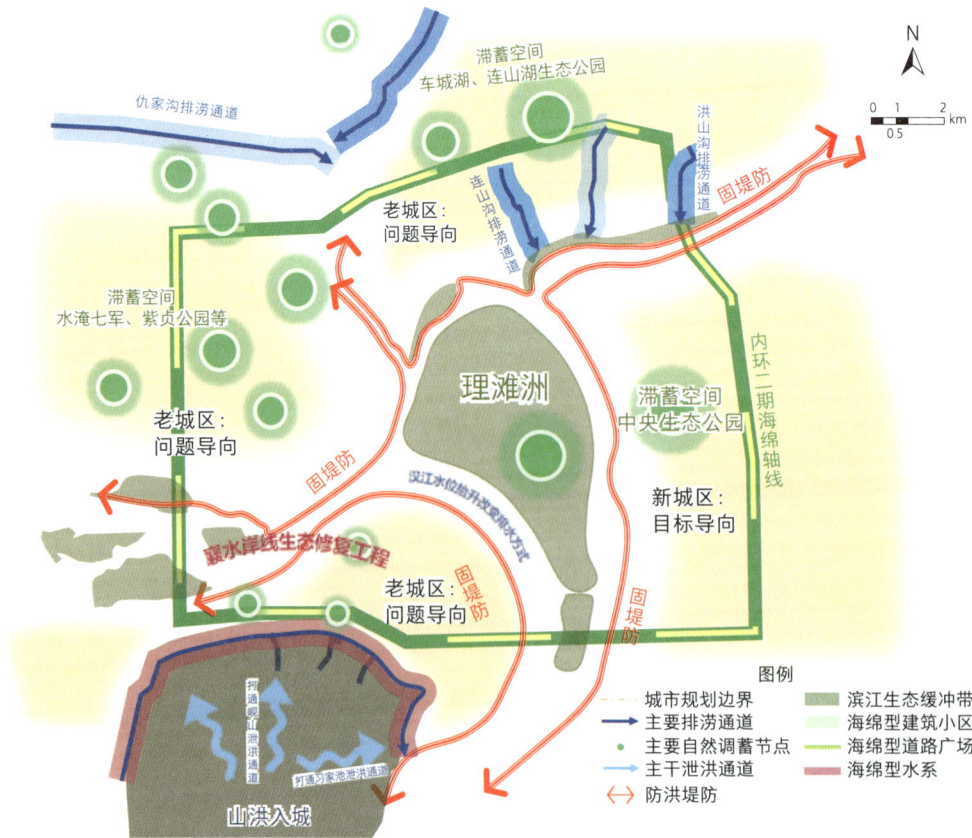

襄阳海绵城市建设结构图

削减；过程通过实施管网排查修复、雨污混错接改造、孙庄等片区雨污分流改造，实现清污分流，系统缓解了老城区内涝积水问题。

建设成效

城市排水防涝体系的弹性与安全保障水平全面提升。通过海绵城市建设，城市内涝积水情况得到有效缓解，中心城区25处历史易涝点完成整治，在2023年9月最大小时降雨量65毫米的降雨条件下，城区未出现新增内涝点，已完成整治的25处易涝点未出现积水现象。

庞公片区积水点整治前
（32毫米/2小时降雨）

庞公片区积水点整治后
（33毫米/2小时降雨）

汉唐大道

人民路与长虹路交叉口
2023年9月降雨期间易涝点巡查照片（65毫米/小时降雨）

老城区百姓门前屋后积水问题得到有效缓解，人居品质大幅提升。结合完整社区建设，推动老旧社区海绵化改造，通过排水管网改造、绿地海绵化改造及海绵设施建设，解决商校二区、市住建局家属院、市公安局家属院等老旧小区内积水、污水冒溢、绿化缺失等问题。

大小结合见缝插"绿"建设"口袋公园"，绿色空间调蓄能力增强。打造水淹七军公园、桃园公园等集文化性、开放性、生态性于一体的"城市海绵体"，充分发挥公共绿地空间对雨水的消纳、调蓄功能。

商校二区老旧小区改造前

商校二区老旧小区改造后

水淹七军公园改造前

水淹七军公园改造后

城市特征

株洲市位于湖南省东部，2023年，城区人口131万，属于华中地区Ⅱ型大城市，是长株潭都市圈核心城市之一。株洲水系发达，丘陵地貌特征突出，形成"九水汇江、岭丘融城"的山水格局。

株洲雨量丰沛，多年平均降雨量为1510毫米，降雨集中在4~8月，占全年降雨量的70%。

株洲地处湘江之畔，排涝方式为重力自排与泵站强排结合，汛期湘江高水位顶托，洪涝叠加风险较高。

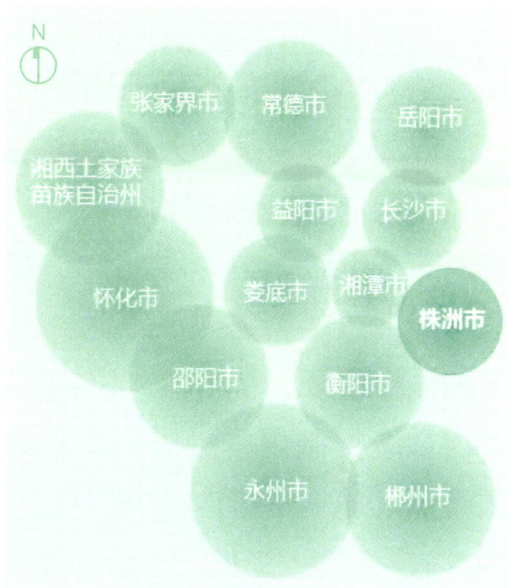

株洲区位图

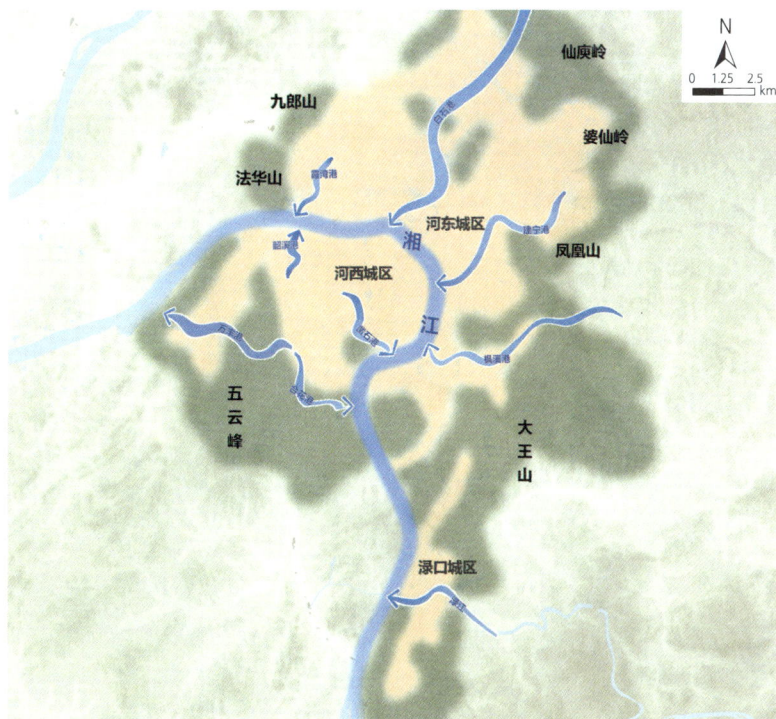

株洲市城市地形地貌示意图

株洲位于长株潭都市圈上游，城市建成区面积156平方公里，雨季溢流问题突出，湘江水源地保护压力较大。

建设思路

针对汛期湘江水位顶托导致洪涝叠加风险高、雨季溢流威胁湘江饮用水水源地水质安全等突出问题，确定建设思路如下：

外防洪水—内增调蓄。建设湘江东岸生态堤防2.9公里，闭合防洪保护圈，提升湘江外来洪水防御能力；畅通新桥高排、博古高排等6条生态型排涝河道，新建枫溪湿地、梅子湖等7处生态调蓄空间，新增110万立方米的调蓄容积，提升本地降雨蓄排应对能力。

系统控制雨季溢流。实施海绵型建筑小区106个，加强雨水就地分散调蓄；实施错混接改造3673处，减少管网系统污染排放量；排口前新建调蓄设施1.5万立方米，增强溢流控制能力。

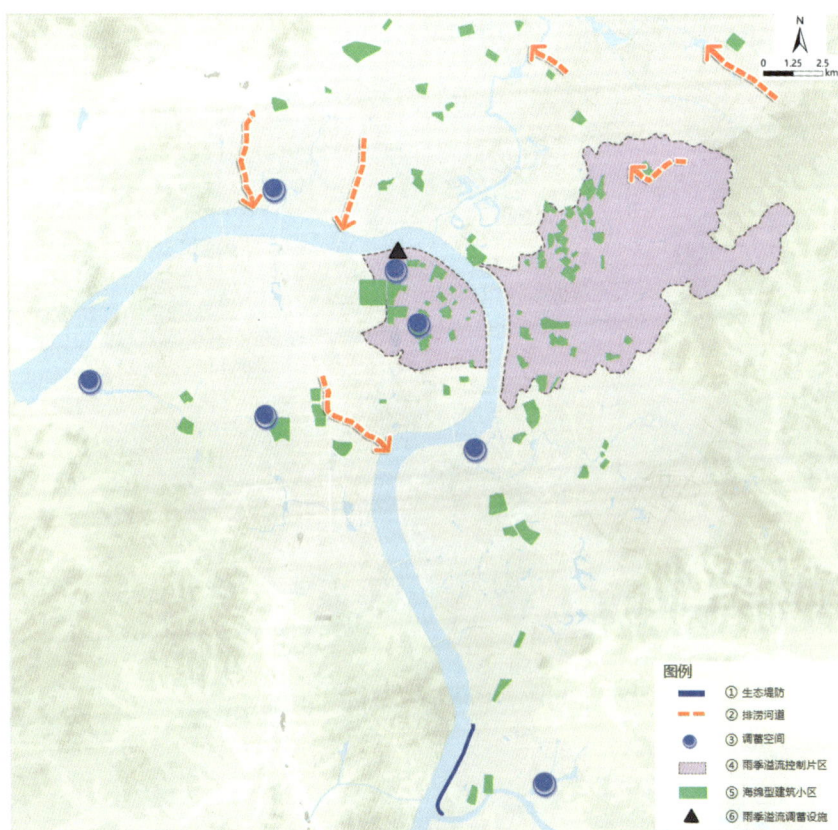

株洲市海绵设施布局图

建设成效

防洪排涝韧性显著提升。构建形成了"外防洪水—内增调蓄"的城市防洪排涝工程体系，中心城区达到50年一遇防洪标准，遭遇100年一遇洪水不漫堤，陈埠港、建宁港、霞湾港共3个流域内涝防治能力由10年一遇（168毫米/24小时）提升到20年一遇（197毫米/24小时），白石港、万丰港等4个流域内涝防治能力由20年一遇提升到30年一遇（214毫米/24小时），易涝积水点基本消除。2024年7月28日，受"格美"台风过境影响，株洲遭遇最大24小时降雨量401毫米的特大暴雨，中心城区均未出现严重内涝现象。

新桥高排河道生态治理工程
实施河道拓宽、清淤和生态步道，多功能利用提升排涝能力

神农公园生态湿地项目
实施水体清淤和水位调度，挖掘水体调蓄能力，消纳周围雨水

报亭南路下穿通道积水点整治工程整治前
（104毫米/24小时，2022.5.30）

报亭南路下穿通道积水点整治工程整治后
（206毫米/24小时，2024.7.28）

湘江水源水质有效保障。经过系统化治理，陈埠港排口雨季溢流频次显著降低，实现溢流频次比2020年降低20%的近期目标，雨季溢流系统控制初见成效。湘江株洲段水质保持Ⅱ类，保障了湘江下游1000万人饮水安全，切实扛起将一江碧水送入长株潭的"哨口"责任。

万丰湖湿地公园改造前

万丰湖湿地公园改造后

实施水系拓宽、生态驳岸、源头减排设施，自然净化、自然调蓄与景观有机结合，水体水质常年稳定在Ⅱ～Ⅲ类

湘江（株洲段）实景图

实施海绵型建筑小区，实施管网混接改造、排口前调蓄设施，系统控制雨季溢流，湘江（株洲段）水质保持Ⅱ类

桂林市

城市特征

桂林市位于广西壮族自治区东北部，地处长江、珠江两大流域分水岭。全市地形北高南低，城区内峰林耸立，以其独特的喀斯特地貌和源远的历史文化闻名于世。2023年，城市建成区面积128平方公里，城区人口数量105万。

桂林市降水总量充沛，多年平均降雨量为1887毫米。降雨年内分配不均，漓江及其支流水量受降水影响，季节性变化显著，丰枯季节水量差异较大。城内水系交错，漓江与洛清江联动形成桂林城市发展的"H"形水系骨架。

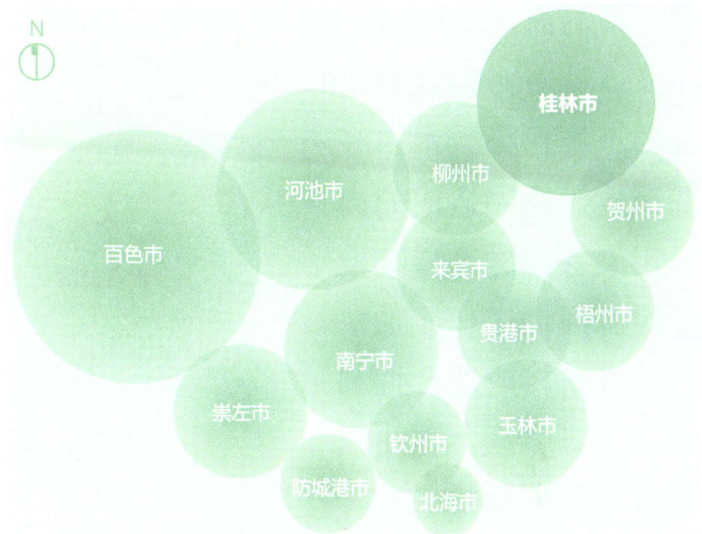

桂林区位图

桂林市地形地貌示意图

建设思路

洪涝共治，蓄排并举，提高城市排水防涝能力。由于多雨的气候条件和独特的喀斯特地貌，桂林市天然的防洪排涝压力较大，存在因洪致涝、洪涝混合的风险。为此，构建"堤库结合、蓄泄兼备"的防洪排涝骨架，加强洪涝统筹衔接，补齐城市排水设施短板是重中之重。

控源截污，内源治理，整治漓江支流生态环境。针对污染入河造成的点源污染、水体底泥释放污染物造成的内源污染等问题，持续推进控源截污工作，加快管道混错接改造，抑制底泥污染释放，强化滨岸空间生态保护，改善漓江支流水环境。

设施修复，源头管控，提升城市公共空间品质。结合得天独厚的自然本底条件，在公园、绿地、校园等地因地制宜设置源头减排设施，在削减径流、减少污染的同时，提升城市人居环境综合质量。

桂林市海绵城市建设体系图

建设成效

城市安全韧性显著提升。现已形成了堤库结合的城市防洪格局，健全了蓄排并举的城市排水系统。面对2023年5月22日远超50年一遇内涝防治标准的特大暴雨（3小时降雨量300毫米），桂林市工程性措施与非工程性措施共同发挥作用，切实保障人员零伤亡。

以广西师范大学雁山校区雁栖湖项目为例，该项目综合采取修建防洪堤、整治雁栖湖水系空间、修建排涝泵站和闸门、增设源头减排设施等措施，系统解决了良丰河洪水过境造成的洪涝问题。2022年6月华南地区"龙舟水"天气来袭，桂林市24小时降雨量达到240毫米，最大小时降雨量

排涝泵闸建设

雁栖湖汇水区20年一遇最大24小时洪量16万立方米。当良丰河水位较低时，打开闸门实现校园内涝水的排除；当良丰河水位高于泵闸控制水位时，关闭闸门防止外洪倒灌，并通过泵站强排降低雁栖湖水位（抽排流量4立方米/秒）

校园水系整治

雁栖湖设计水位148米，控淹水位149米，湖体容积约7万立方米，整治后蓄滞能力增强，校园内约2/3范围的雨水能够汇集其中。同时，通过在周边建设6万平方米绿地区域，缓解暴雨期雁栖湖的调蓄压力

雁栖湖项目整治前（49毫米/小时降雨，2020.6.7）受灾师生上万人，2017年、2020年洪涝灾害累计损失达6200万元

雁栖湖项目整治后（56毫米/小时降雨，2022.6.18）校园未受淹

达到56毫米。通过排涝设施的运行和雁栖湖湖区的容积调节，实现了河道水位上涨不影响校园道路和教学生活区的建设效果。

城市生态环境大幅改善。当前，漓江干流水质稳定在Ⅰ～Ⅱ类，曾被列入黑臭水体的5条支流河段全部实现"长治久清"，通过截污净化措施削减城市建成区入河污染物360吨/年。生活污水集中收集率提升至83%，城市污水处理厂进水BOD_5平均浓度提升至111毫克/升，污水收集效能位居广西首位。

随着漓江（两江四湖段）水质提升和生态修复项目、西湖生态修复提升项目、五大景区连线道路改造工程等一批项目陆续实施，景区自然风貌得到保护，"西峰晚照"等昔时胜景获得重现；景区周边基础设施质量得到提升，游客出行体验明显提高，世界级旅游城市建设阔步向前。

灵剑溪治理成效

灵剑溪继2021年消除黑臭后，进一步实施河道沿线截污管布设384米，河道清淤4公里，鱼槽生态框挡墙建设2公里，生态隔离带建设6040平方米，巩固水体治理成效

南溪河治理成效

南溪河完成4个片区截污工程、完善周边39个小区排水管网等工作后，进一步开展河道周边生态整治，修复生态河岸缓冲带水生植物4600平方米，新建生态护岸1公里，保障水体"长治久清"

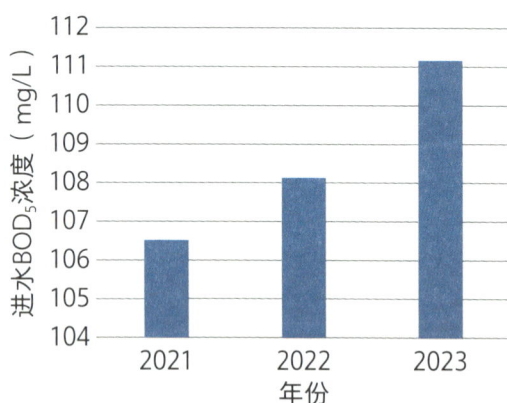

城市污水处理厂进水BOD_5浓度变化

持续推动雨污混错接改造，开展排水管网普查及修复，污水处理厂进水BOD_5浓度显著提升

两江四湖水系

对湖区进行清淤以削减内源污染，在沿岸排口安装强化净化设施以控制外源污染。在水位较浅处种植沉水植物64600平方米，提高水体自净能力，并对岸线周边进行植被恢复，减少入湖污染负荷的同时，提升生态景观综合功能

城市特征

广安市位于四川省东北部，长江上游，东部华蓥山、铜锣山、明月山平行雁列，西部嘉陵江、渠江迂回曲折，属于川东丘陵和平行岭谷过渡带，整体地势东高西低。2024年，中心城区建成区面积约72平方公里，人口数量约40万，是西南地区中等城市，多年平均降雨量为1103毫米。

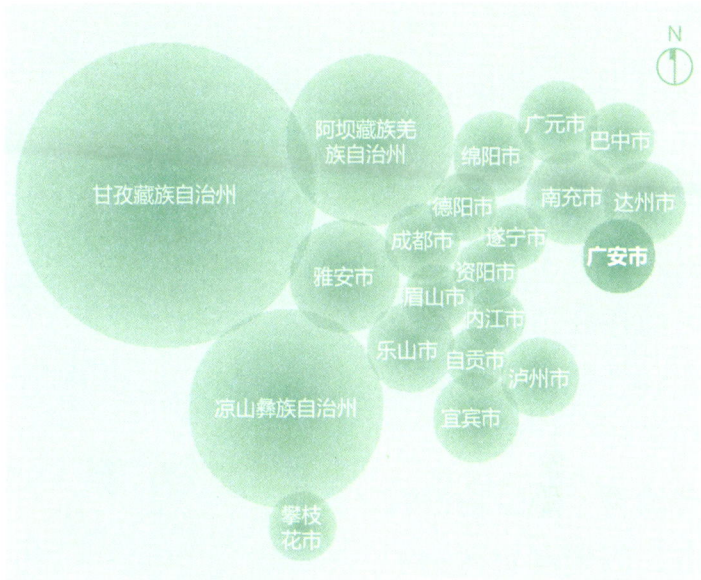

广安区位图

中心城区辖两区，渠江穿城而过，东临华蓥山，西临南峰山—望子山，明显三阶台地地形特征，形成"一江三山，两区三阶"的格局。

"一江三山，两区三阶"格局分布示意图

建设思路

广安中心城区呈现特殊的三阶台地地形，山体和台地过渡区地形坡度大，雨水径流快，上游存在山水快速入城风险，下游滨江低洼区域存在上阶洪涝下泄和外江洪水倒灌顶托风险。广安聚焦洪涝治理，结合地形特点，因地制宜构建了"梯级滞蓄"体系。

广安市海绵城市骨干体系分布图

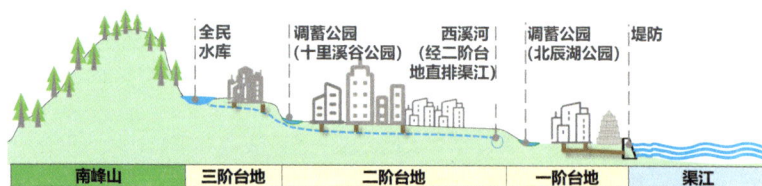

广安市中心城区典型剖面图（A-A）

台地内：强化蓄排并举，完善流域骨干排涝体系。滨江老城完善堤防和排涝泵站建设，滨江新城强化自然空间保护管控；西溪河、芦溪河等城市主要内河实施13.5公里河道综合整治，结合流域内区域调蓄空间保护利用和源头地块削峰管控，尽量控制本阶雨水安全自排。

台地过渡区：强化分级滞蓄，减轻下游排水压力。强化山体滞留、山脚存蓄、湖库区域调蓄、江河缓冲调蓄、源头削峰渗蓄，建设麒麟湖等8个台地过渡区调蓄公园，新增15.8万立方米调蓄空间。

建设成效

梯级滞蓄骨干排涝体系建立，筑牢城市防汛安全底线。城市排涝能力由5年一遇（134毫米/24小时）全面提升至10年一遇（172毫米/24小时），27处易涝积水点基本消除。自2023年底西溪河、麒麟湖等骨干排涝工程主体完工以来，城区未发生因强降雨造成的内涝积水。

充分发挥绿地空间滞蓄功能，形成旱涝两宜源头削峰特色做法。利用公园绿地建设"延时调节塘"，设置多级溢流口，雨天滞存雨水12小时，减轻下游市政排水管网压力；旱天由卵石、植物等构成的"吉他"成为市民休闲娱乐活动场所，实现海绵设施功能和景观的有机融合。

西溪河
西溪河水畅景美

打纸岩山脚调蓄→麒麟湖区域调蓄→芦溪河

"延时调节塘"实景图1
旱涝两宜、景观融合的"延时调节塘"

"延时调节塘"实景图2
渠江红滩音乐公园"延时调节塘"旱天休闲娱乐场所

"延时调节塘"实景图3
渠江红滩音乐公园"延时调节塘"雨天滞存径流峰值

城市特征

泸州市位于长江、沱江交汇区域，是长江上游重要生态屏障，肩负着守护一江清水出川的重大使命。长江泸州段为长江上游珍稀特有鱼类国家级自然保护区。2023年，泸州市建成区面积约174平方公里，人口约117万。

泸州市是典型的西南沿江丘陵城市，龙涧

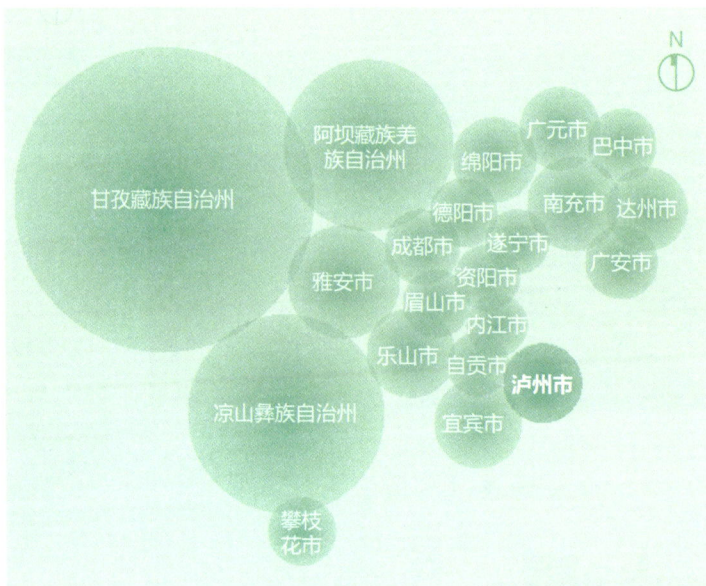

泸州区位图

溪、玉带河等支流穿城而过，丘陵山体环绕周边。年均降雨量1136毫米，丘陵地形排水条件较好，城区调蓄空间相对较少，存在旱涝急转问题。

泸州市地形地貌示意图

建设思路

护山：强化山体保护与修复，增强雨水涵养功能。尊重丘陵城市特色，划定34座山体保护范围线，实施山体的分级保护与管控；加强山体保护与修复，持续增强雨水涵养功能，提升源头滞蓄能力。从流域、城市的宏观尺度上，奠定了城区洪涝安全的基本盘。

泸州市海绵城市建设布局图

治水：生态缓冲及源头建设，实现削减污染入河。制定设计准则，保护两江八河自然水系脉络；推进山脚存蓄空间保护利用，缓冲山洪并净化污染；强化临江临河缓冲空间管控，筑牢城市生态屏障；推进管网改造与高标准建设，保障雨污分流效果；强化公园绿地雨水下渗，延缓峰值且过滤污染。通过层层巩固，既扩大面源污染削减，又提高城市安全韧性，保障一江清水出川。

润城：全面推进源头滞蓄下渗，发挥削峰净化作用。削峰，优化建筑小区海绵布局；净化，完善道路雨水消纳系统；利用，加强城区雨水资源利用；织绿，建设街头分散小海绵体；管控，划分29个海绵管控分区，533个管控项目。

建设成效

助力"沿江丘陵安全韧性"宜居之城建设。历史内涝点基本消除，有效抵御2022年多场极端降雨，其中最高可达50年一遇（2022年6月26日，

沱二桥历史内涝积水点整治前（59毫米/24小时，2019.7.19）

沱二桥历史内涝积水点整治后（63毫米/24小时，2022.6.9）

小时最高降雨量91毫米）。

助力"守护一江清水出川"的生态之城建设。建成区黑臭水体基本消除，污水处理厂进水BOD_5浓度由2020年74毫克/升提升至2023年的113毫克/升，地表水体水质达标率100%，百姓居住环境进一步改善。

玉带河黑臭水体整治前实景图

玉带河黑臭水体整治后实景图

助力"品质提升绿色发展"的共生之城建设。贯彻两山理论，保护提升绿水青山颜值；坚持以人为本，不断改善人居环境品质；通过海绵成效宣传引导，加快生态产品价值转化。

助力"人城境业和谐共生"品质之城建设。建设高品质、高颜值海绵型小区、道路、绿地，功能与美观兼顾，品质及风貌飞跃提升，助力海绵城市理念深入人心；通过老旧小区改造，同步满足百姓对于电梯、停车等其他居住的需求，提升居民生活环境品质、幸福感和获得感。

泸州市海绵城市建设

泸州市海绵城市宣传牌

山脚山洪缓冲空间——渔子溪生态湿地公园

区域雨水调蓄空间——会展中心

龙涧书苑海绵小区

泸州中共市委党校

江湾城海绵小区

海绵型道路——北方路

城市特征

绵阳市位于四川盆地西北部，涪江中上游地带，属于亚热带湿润性季风气候区，多年平均降雨量为838毫米，年降雨次数少，但单次降雨量较大，属四川省三大暴雨中心之一。

绵阳市内有大小河流及溪沟3000余条，均属嘉陵江水系，中心城区涪江、安昌河交汇处

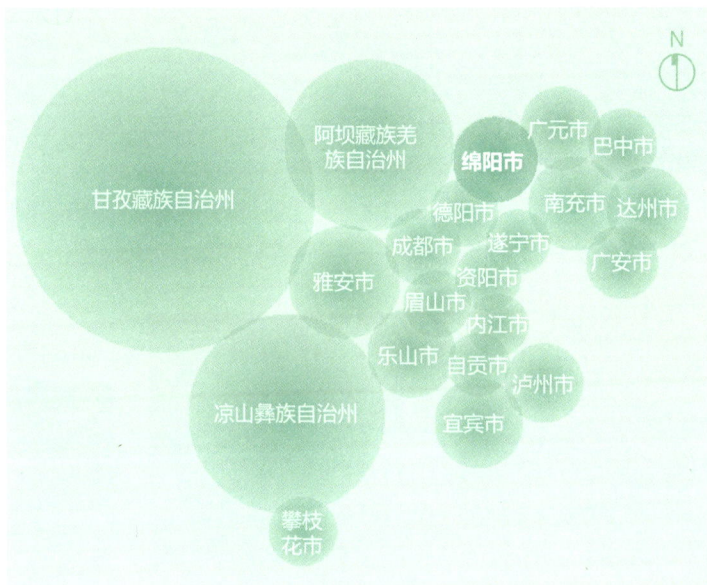

绵阳区位图

的平坝区是绵阳最早开展城市建设的区域，随着城市发展，逐步向上游丘陵、山地扩展。截至2024年，中心城区建成区面积199.3平方公里，常住人口数量148.52万，建成区内最大地面高差227米。

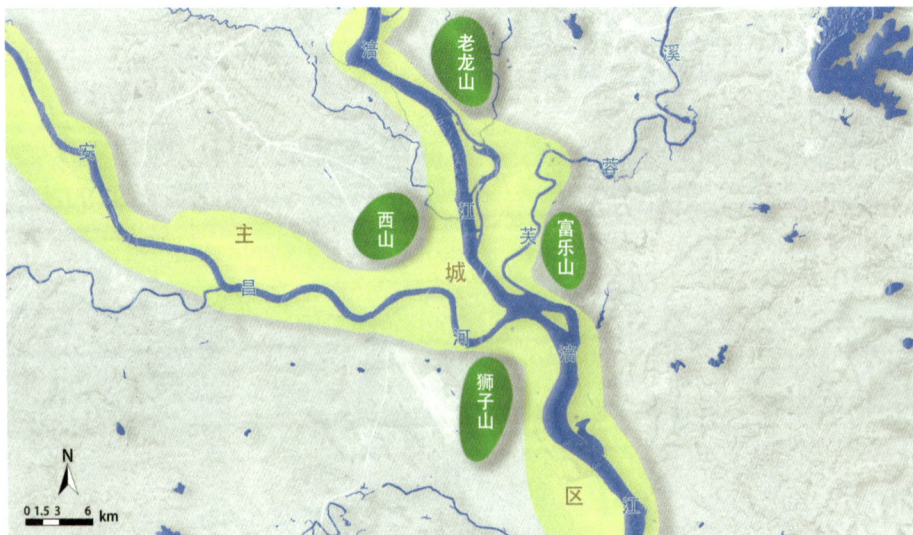

绵阳市地形地貌示意图

绵阳市是典型的西南地区丰水区山水相依丘陵城市，中心城区被老龙山、西山、富乐山、南山等群山环绕，形成了"三江汇流、四山环抱"的自然山水格局。城市地形有利于自然排水，但沿江低洼区域排水受涪江水位的影响显著。

建设思路

绵阳城区多山，城市从沿江低洼区域向上游高地扩张，山洪都要经过已建城区才能排江，沿江低洼地区雨水在涪江、安昌河高水位时需通过泵站抽排，强降雨下山洪叠加城区雨水易引发内涝积水，城市安全韧性不足。此外，绵阳老城区建设密度高、基础设施陈旧，城市社区品质有待提升。

绵阳将衔接好上下游防洪排涝关系，上游生态地区和新建城区保护和利用现有水库、湿地等天然调蓄水体，总体减少排到下游城区的雨水量；

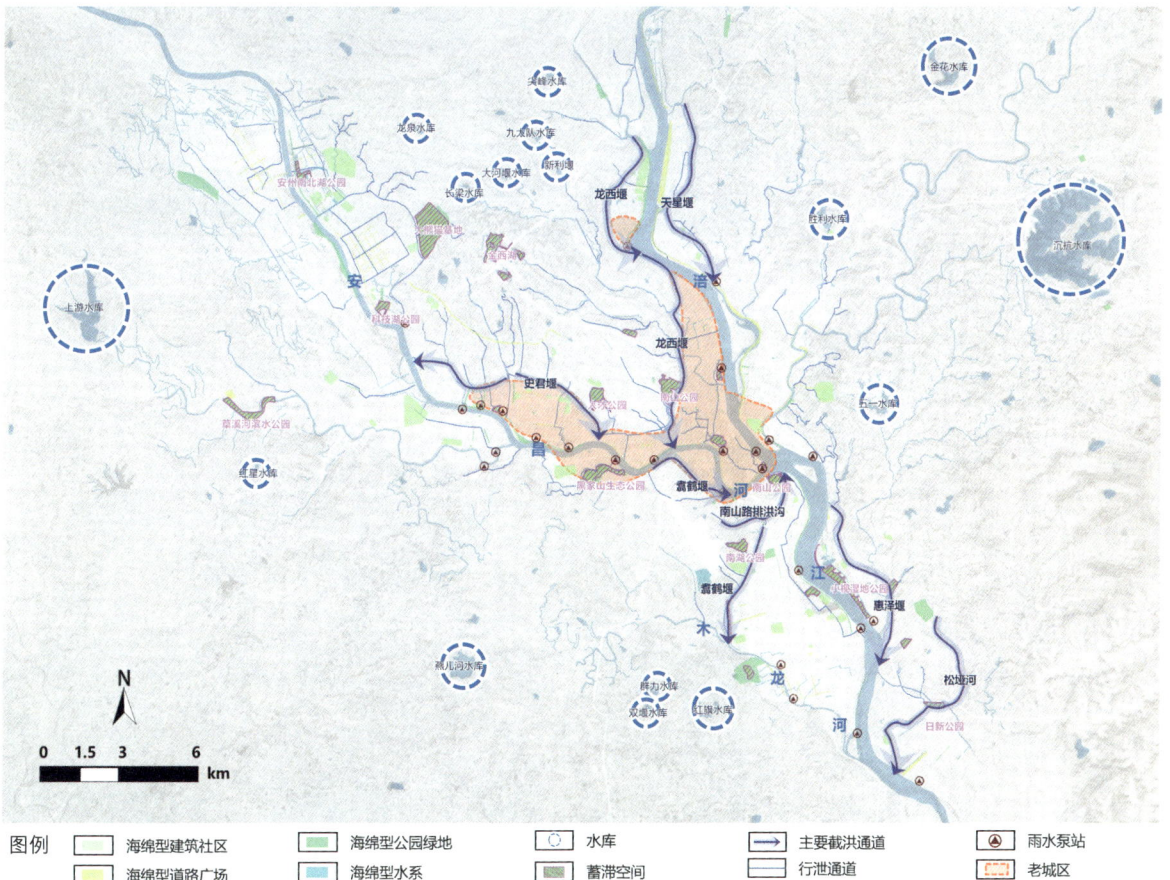

绵阳市海绵设施布局图

下游老城结合城市更新、老旧小区改造等建设海绵设施，增加城市对雨水的渗透和蓄存，因地制宜将海绵城市建设与现有管网、泵站等排水基础设施融合，使城市能够有效应对内涝防治标准内降雨，提升极端降雨下的城市安全韧性。

绵阳立足山水、文化特色，将海绵城市建设融入自然生态系统保护和城市更新改造中，实施老旧小区、背街小巷的海绵化改造，实现"山养水、水润城、城宜人"，提升居民幸福指数。

建设成效

蓄排并举，韧性城市成效初显：新改建雨水管渠325公里（管渠密度由每平方公里建成区8公里增加到9公里），排涝能力由185立方米/秒增加到212立方米/秒，新增蓄滞空间43万立方米，基本消除历史易涝风险点。

河东新区公园绿地及排洪渠一期项目俯视图1

河东新区公园绿地及排洪渠一期项目：改造环境污染严重的废弃垃圾场为区域性公园，新增6.5万立方米调蓄空间，建设生态排洪渠3.5公里，有效提升公园周边区域应对内涝的能力。

河东新区公园绿地及排洪渠一期项目俯视图2

河东新区公园绿地及排洪渠一期项目建设前

河东新区公园绿地及排洪渠一期项目建设后

圣水南街易涝点整治前（日降雨量181毫米，2023.7.23）

圣水南街易涝点整治后（日降雨量167毫米，2024.7.8）

跃涪路和跃丰街市政道路建设项目：新建3000平方米透水铺装、450平方米生态树池，新增调蓄空间140立方米，既实现了对道路雨水径流的控制，又提升了道路景观颜值。

人居环境提升：通过海绵城市建设，解决小区路面积水、绿地和开放空间不足、缺乏公共休闲设施等问题，初步实现了"山养水、水润城、城宜人"。

海绵型道路——跃涪路实景图1

海绵型道路——跃涪路实景图2

海绵型道路——跃涪路实景图3

金匙小区改造前

金匙小区改造后

通过透水铺装、绿化提升、雨污分流改造，提升小区居住环境

桃园广场口袋公园建设前

桃园广场口袋公园建设后

将废弃厂房改造为街角公园绿地，为周边居民提供休闲娱乐场所

城市特征

　　安顺市位于贵州省中西部，地处长江流域与珠江流域分水岭地带。土壤渗透性较差，多年平均降雨量为1235毫米，2023年，中心城区建成区面积约77平方公里，城区人口约41万。

　　安顺市是黔中地区喀斯特山区山水相依丘陵城市，中心城区山体特征为"群山环抱城市，多山嵌入城中"，城区拥有众多穿城而过的河流，河流均为流域源头河流，城区还分布有虹山湖、杨湖、娄湖等水体。城市排涝通道平均坡降大，排涝方式均为重力自排。

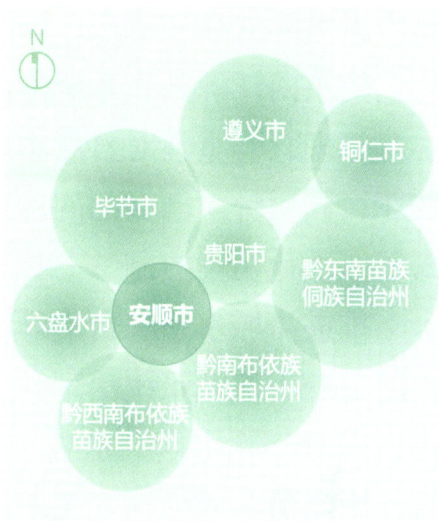

安顺区位图

安顺市地形地貌示意图

建设思路

安顺市海绵城市建设面临的主要问题，一是两江流域源头及一流旅游城市建设面临的水环境保护压力，二是喀斯特地貌导致的工程性缺水和局部内涝风险并存。

构筑两江源头生态屏障，保护修复水环境。源头新改扩建项目全面落实海绵理念，重视对自然本底的管控和保护，减轻城市开发对生态环境的破坏；同时针对已有的问题采用自然与人工相结合的海绵措施进行改善和修复，强化污染控制。

推进流域水系综合治理，提高环境安全保障。对贯城河、小屯河、槎白河三个小流域系统治理，上游实施虹山湖库尾、金牛湖、娄湖等调蓄水体，同时净化水质；治理小屯河、挑水河、槎白河3条主干河道及火烧寨河、南支流、南门河、关厢河等支流，提升水环境质量。

绿灰结合补短板，提升城市安全韧性，节约优质水资源。调整南支流、两所屯河排水分区，增加雨水出路，建设改造雨污管网，强化源头雨水集蓄利用设施建设，通过源头、过程、末端海绵措施，整治内涝积水，有效利用雨水资源。

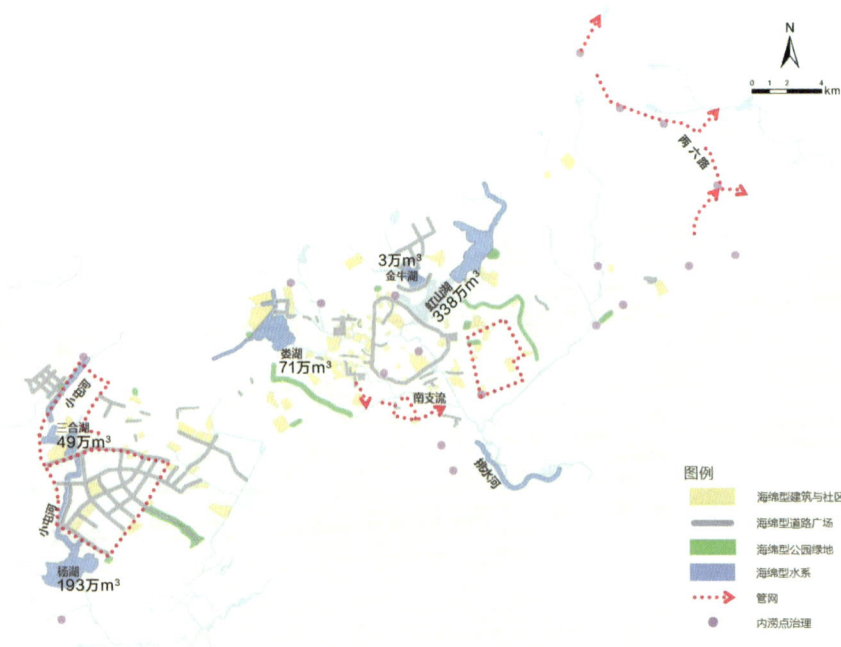

安顺市海绵设施布局图

建设成效

城市安全韧性有效提升。分布在主要出行路段、群众急盼解决的破木村、塔山东路沪昆高速东出口等8处易涝点治理完成。此外，安顺市在整治小屯河、南支流等主干排涝通道的同时，统筹了老旧小区改造、背街小巷改造等源头雨污分流工作，疏通了管网的"毛细血管"，居民身边的雨涝现象得到有效缓解。

雨水资源利用逐步提高。城区日常通过从杨湖、砂石冲山塘、贯城河等河湖水体取水，用于城区道路和绿化浇洒用水，2023年雨水资源化利用量达到30.74万立方米，有效替代了部分自来水用水需求量。

人居环境显著改善。机场路、环湖西路等道路，杨湖、娄湖、体育路口袋公园等公园绿地，新安小区、河滨二区等社区海绵化建设改造，居民门前屋后的积水、脏乱、绿化缺失等问题得到解决，生活、出行、游憩环

娄湖湿地公园建设前

娄湖湿地公园建设后

海绵型公园绿地——虹山湖公园

调蓄水体——虹山湖库尾调蓄水体

境得到了大幅改善，同时，城区河湖水体水质稳定达标，城市品质大幅提升，群众获得感、满意度显著增强。

海绵城市建设助推城市高质量发展。结合安顺一流旅游城市建设需求，实施虹山湖、娄湖、杨湖、小屯河、槎白河、历史文化街区等项目，带动项目周边地块和产业发展，提升项目价值，做到"内外兼修"，极大地增加了主城区旅游吸引力，海绵示范城市建设为安顺市旅游业发展作出了贡献。

海绵型道路——环湖西路

海绵型公园绿地——杨湖

海绵型建筑小区——河滨二区老旧小区建设前

海绵型建筑小区——河滨二区老旧小区建设后

海绵型建筑小区——黎阳二居五组老旧小区建设前

海绵型建筑小区——黎阳二居五组老旧小区建设后

环湖西路滞涝池

新安老旧小区改造后

昆明市

城市特征

　　昆明市是云南省的省会城市，位于云贵高原中部，地处金沙江、南盘江、红河三大流域分水岭地带。中心城区三面环山、南临滇池，是典型的高原湖滨城市，城市河网交织，滇池流域共35条常流水河流。2024年，昆明城市建成区面积457平方公里，城区人口数量542万。

　　昆明市多年平均降雨量为936毫米，降雨主要集中于7~8月，空间分布不均匀，以单点式暴雨为主，集中程度较高。滇池流域人均水资源量不足200立方米，远远低于全省和全国平均水平，是我国严重缺水城市之一。

昆明区位图

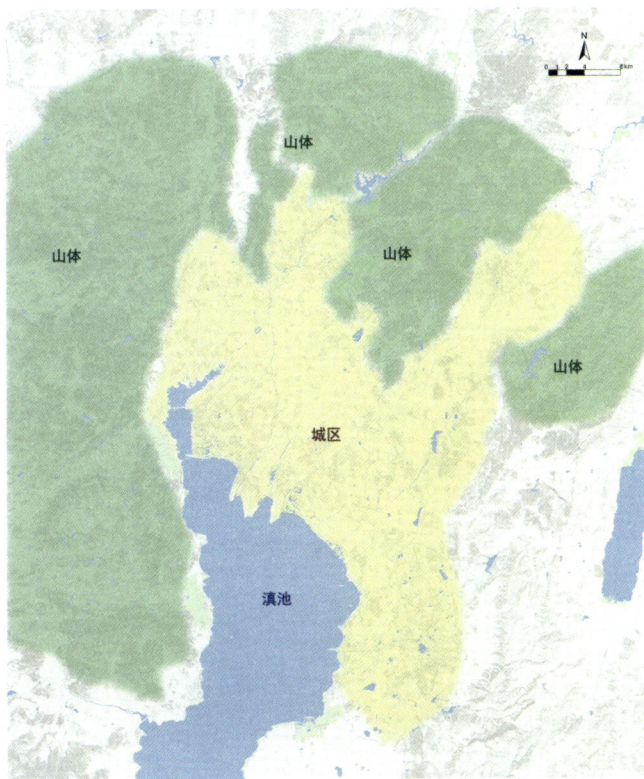

昆明市地形地貌示意图

建设思路

主城面山地势陡峻，洪水直接涌入城市，而且市区河道普遍坡度平缓，行洪速度较慢，城市防洪形势严峻；昆明人均水资源量低，是我国严重缺水城市之一，而且水旱灾害常常交替发生，存在季节性、区域性缺水问题。

针对山洪入城、排洪不畅的问题，全面构建"高蓄、上截、中疏、下泄、低排"的城市防洪排涝体系。一是建设以松华坝大型水库为骨干的水库群调蓄系统；二是建设"瓜连藤、藤串瓜"的面山滞蓄截洪工程，调节暴雨时山洪下泄水量；三是实施河湖水系综合治理工程，提升河道沟渠行洪排涝能力。

昆明市海绵城市建设体系图

针对城市水资源紧缺问题，结合海绵城市建设，全力推进非常规水资源的推广利用工作。一是雨水资源化利用，符合条件的新建、改建、扩建工程项目，均需按照节水"三同时"的要求同期配套建设雨水收集利用设施，收集的雨水用于绿化、道路浇洒、景观补水等；二是再生水利用，采用"集中为主，分散为辅，因地制宜"的模式推广再生水利用，要求符合再生水建设条件的项目与主体工程同期建设相应规模的再生水利用设施或者引入集中式再生水。

建设成效

现已建成总库容3.66亿立方米的水库群调蓄系统，有效拦蓄洪水，削减洪峰；建成长虫山、石盆寺、老青山及春雨路等18项面山滞蓄截洪工程，单次滞蓄能力45万立方米，形成城市缓冲屏障，大大降低了面山洪水进入主城区的洪水量以及山洪携砂量；完成了37项河湖水系综合治理工程，主要河道行洪排涝能力得到极大提升，城市应对洪涝灾害的韧性显著增强。

以石盆寺、老青山滞蓄防洪截污工程为例，该项目建成调蓄池13座、消力池20座，逐级滞蓄面山洪水，可调蓄洪水量达11万立方米。50年一遇（149毫米/小时）暴雨下，可实现昆肖线路口段、昆肖线与轿子雪山旅

"瓜连藤、藤串瓜"的面山洪水调蓄池体系示意图

"瓜连藤、藤串瓜"的面山洪水调蓄池体系实景图
沿线建设调蓄池，逐级溢流、滞蓄山洪水

游专线交叉口段无山洪下泄，同时可拦截66.71%的泥沙进入下游河道沟渠。

非常规水利用引领示范。截至目前，昆明市共有547个项目建设了雨水收集池，用于绿化、道路浇洒、景观补水等，2023年全市雨水资源化利用量达到859万立方米，与年降雨量的比值达到1.91%。2024年上半年再生水回用量为2.56亿立方米，其中，集中式再生水回用量为2.47亿立方米，分散式再生水回用量为971万立方米，城市再生水利用率达到67.81%。

山洪调蓄设施运行实景图1
沿山路建设洪水边沟，内设挡泥板拦水坝，层层沉沙，减缓洪水流速

山洪调蓄设施运行实景图2
洪峰过后，将调蓄池内的清水通过沟渠排入新运粮河，最终进入滇池

雨水收集池

雨水桶

再生水用于机场高速公路绿化浇洒

再生水用于海河生态补水

城市特征

　　渭南市位于黄河中游，地处陕西省关中地区渭河平原东部，东滨黄河，南倚秦岭，是西部地区中等城市。渭南市中心城区包括临渭区、华州区和高新区。2023年，渭南城区常住人口55万，建成区面积68平方公里。

　　渭南市中心城区地势南高北翘，中心低洼，自然排水条件不利。南部紧靠黄土台塬，南塬高于城区140米以上；北部渭河穿城而过，渭河大堤高于城区6~7米。

　　渭南市是典型的西北地区黄土台塬城市，中心城区位于渭河阶地和黄土台塬，非自重和自重湿陷性黄土广泛存在。

　　渭南市为暖温带大陆性半干旱季风气候区，多年平均降雨量为549毫米，水资源短缺，人均水资源量为236立方米，仅为陕西省人均的1/5，全国人均的1/10。

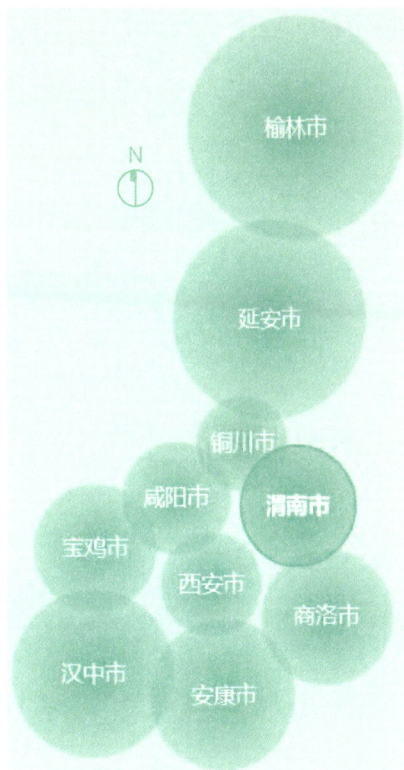

渭南区位图

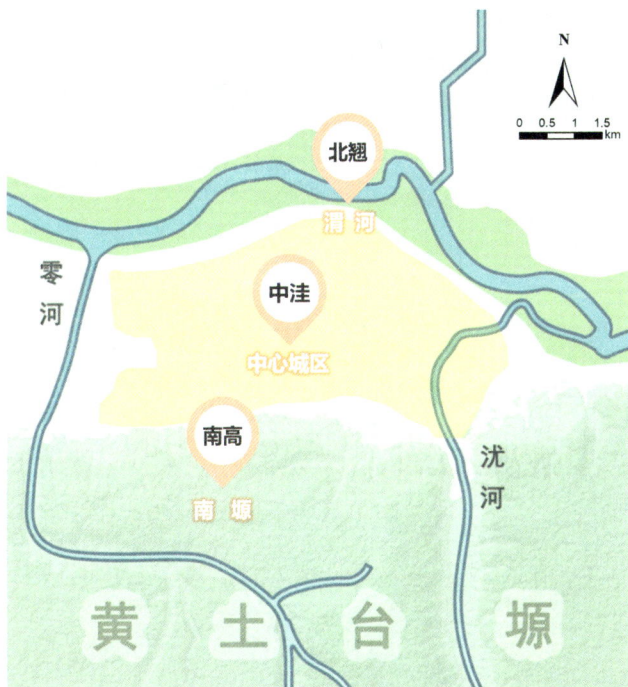

渭南市中心城区地形地貌示意图

建设思路

渭南海绵城市建设需要解决三个问题：一是城区南部紧靠黄土台塬，南塬山洪入城风险高；二是湿陷性黄土广泛存在，南塬水土流失造成泥水入城；三是旱涝急转造成城市内涝和水资源短缺问题并存，城市人居环境品质和安全韧性有待提升。

综合治理南塬山洪，筑牢城区安全屏障。按照"上拦、中蓄、下排"开展流域系统治理，上拦：拦截塬面雨水不下坡；中蓄：调蓄沟道雨水不出沟；下排：建设去往沈河和零河的排洪渠。

开展南塬生态修复，固沟保塬涵养水源。削陡坡、留缓坡，控制山体滑坡；种植乔木、灌木、藤本和草本植物，防治水土流失；建旱溪、存雨水，涵养本地水资源。

地上地下结合治涝，助力改善人居环境。扩容仓程路泵站，新建杜化

渭南市中心城区海绵设施布局图（上南下北）

路主干管等，补齐城市排水基础设施短板；新建车雷公园等，打造具备区域调蓄功能的城市公园；开展老旧小区海绵化改造，消除内涝积水，促进水资源利用，提升人居环境品质。

建设成效

打造黄土台塬地区洪涝安全韧性城市。综合开展南塬17条沟道治理，建设7座拦洪坝、24座谷坊、4座集洪池，扩容涵闸、陂塘等已有设施，整体提升南塬防洪能力至50年一遇

南塬马家沟拦洪坝

（172毫米/24小时），实现"泥不下坡、水不出沟、洪水不进城"，筑牢城市洪涝安全屏障。

打造西北缺水地区健康水循环系统。实施南塬北坡生态治理修复工程，建设鱼鳞坑、反坡梯田、水平阶、生态旱溪等，一方面控制水土流失，另一方面存蓄雨水，涵养水源。连通南塬3号沟和南湖公园，利用雨水补给南湖，年补给水量达到20万立方米。

南塬3号沟2号涵闸

南塬3号沟韩马陂塘

南堨小西沟谷坊

南堨削陡坡筑缓坡

南堨生态旱溪

南堨北坡生态修复

城市人居环境显著改善。专项整治内涝小区，推进老旧小区的海绵化改造，通过雨污分流、新建海绵设施、改造停车设施等措施，整体提升内涝防治水平，大幅改善老旧小区生活环境，获得了居民的一致好评。

教师小区改造前

教师小区改造后

内涝防治能力达到10年一遇，89毫米/24小时降雨量

锅炉厂小区改造前

锅炉厂小区改造后
拆除职工宿舍危房，改造为透水停车场和
雨水花园

集中打造车雷公园、市民公园等一批具有区域调蓄功能的城市公园，提升区域内涝防治能力的同时，营造了一批居民休闲娱乐的公共空间，受到周边群众的欢迎和好评。

车雷公园下沉式广场

市民公园雨水花园

市民公园生态停车场

城市特征

铜川市位于陕西省中部，黄土高原向关中盆地的过渡地带，是黄河中游重要的水土保持区。2023年，中心城区建成区面积49平方公里，人口数量39万人。

铜川市北部以丘陵地区为主，南部以平坦宽广的黄土高原和宽阔的河谷平原为主。

铜川市整体土质属自重湿陷性黄土，湿陷等级Ⅲ～Ⅳ级，为湿陷等级较为严重的地质。水土流失严重，全市水土流失面积1188平方公里，占市域面积的30%。

铜川市地处暖温带大陆性气候区，降雨量年际变化较大，多年平均降雨量为521毫米。水资源短缺，人均水资源量为270立方米，仅为全国的1/8。

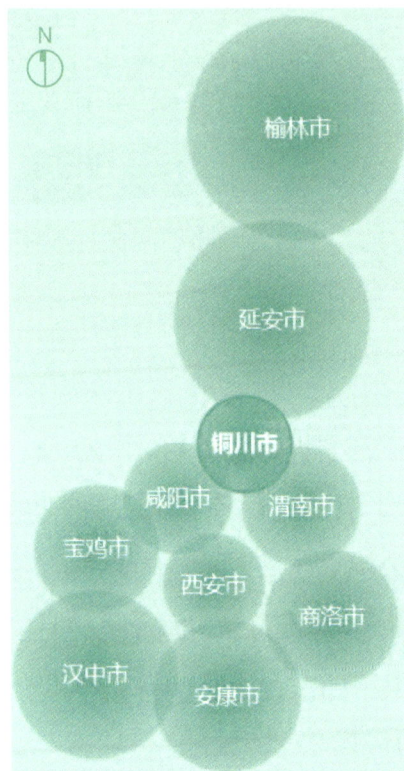

铜川区位图

铜川市域地形地貌示意图（北部）

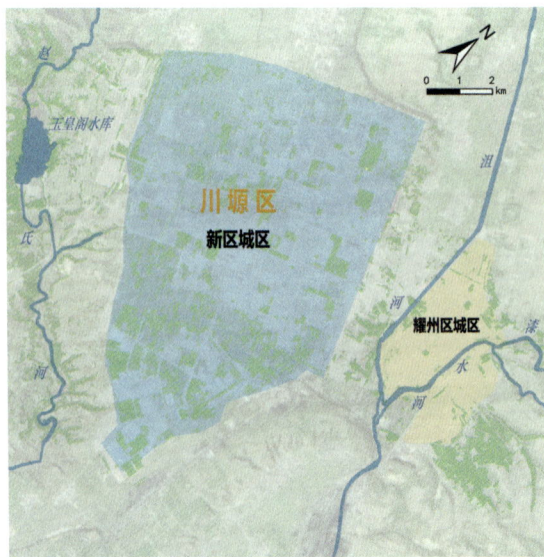

铜川市域地形地貌示意图（南部）

建设思路

水土流失严重，属黄河中游水土流失重点治理区，有近1200平方公里的面积亟待治理。

采用固沟保塬"拦—蓄—排—固"建设模式。"拦"即实施生态修复，拦截地表径流；"蓄"即塬面修建涝池，集蓄雨洪径流，清淤沟底水库，集蓄水沙；"排"即疏通排水通道，引导雨水有序排河；"固"即实施沟头防护工程，种植乔木绿化，实现雨水有序下沟。

针对铜川市水资源短缺问题，因地制宜，提升雨水资源化利用率。新区牡丹园、丹阳公园等公园

铜川市水土流失治理思路图

铜川市新区雨水利用设施分布图

在改造时，充分利用地势相对较低的条件，最大程度收集周边雨水并加以处理利用。新区共建设雨水调蓄设施12.04万立方米，年利用雨水量可达40.23万立方米。

老城区水土流失治理成效明显。通过实施塬面保护工程，综合治理水

土流失面积70平方公里，通过实施涝池建设、水库清淤，新增雨洪调节能力约94万立方米；通过实施河道沟渠整治，防洪标准由原20～30年一遇提升至30～50年一遇，排涝能力由原5年一遇（38毫米/小时）提升至30年一遇（52毫米/小时）。

新区利用原有天然洼地，打造自然蓄水空间，实现雨季调蓄旱季利用。新区牡丹园片区利用天然洼地，打造集雨洪调蓄、利用于一体的城市公园，建成12万立方米的调蓄空间，收集上游6.34平方公里区域的雨水，提升区域内涝防治能力。同时，利用湿地对雨水进行净化后利用，实现年利用雨水近40万立方米。

桐树沟积水点整治前（34毫米/24小时降雨，2020.7.5）

桐树沟积水点整治后（94毫米/24小时降雨，2023.7.28）

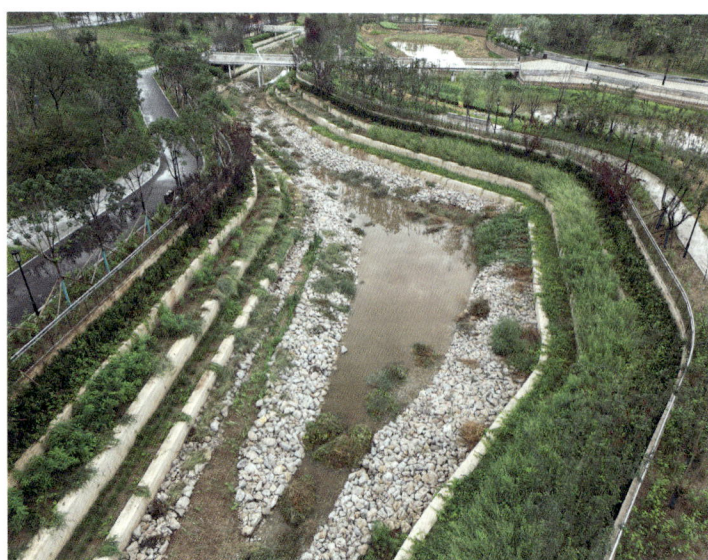

牡丹园片区改造后航拍图

滨海临江城市

城市特征

秦皇岛市位于河北省东北部，南濒渤海，北依燕山，是滨海旅游度假胜地，环渤海地区重要的港口城市，大秦铁路、京哈铁路、津秦铁路等5条铁路干线东西向穿城而过，交通发达。

2023年，城市建成区面积约150平方公里，城区人口约140万。多年平均降雨量为655毫米，多集中在6~9月。地势北高南低，城区以平原为主，北部山区，南部滨海，形成了背山面海的"山城海"格局。

秦皇岛市河流众多，水系纵横，流经城区的均属滦河及冀东沿海诸河水系。主城区共有60多条水系，其中，石河、汤河、戴河、洋河、饮马河等13条主要防洪河道，由西北向东南穿城独流入海，属于典型的山溪性河流，源短流急，汛期暴涨暴落，非汛期基流少或干涸。

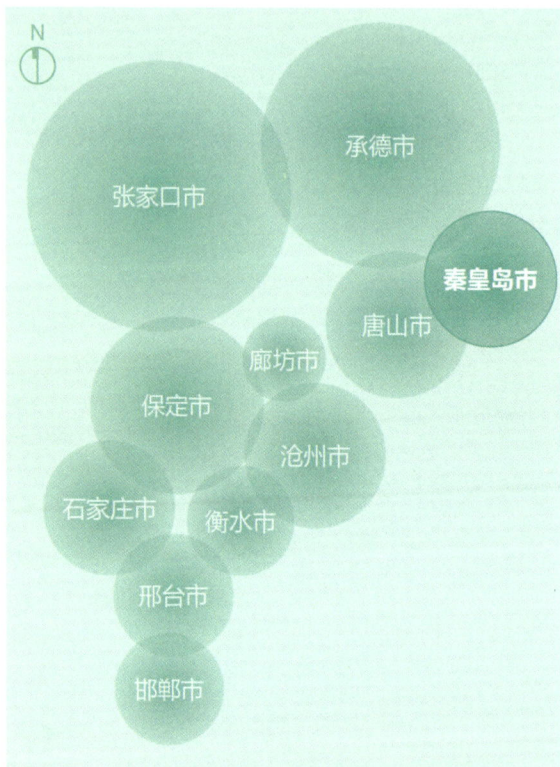

秦皇岛区位图

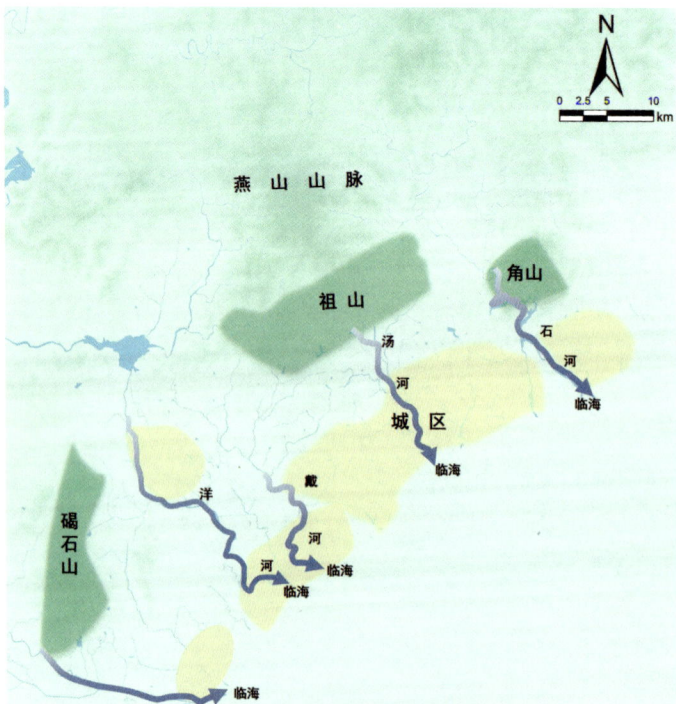

秦皇岛市地形地貌示意图

建设思路

秦皇岛市背山面海，上游面临山洪，下游面临海水顶托倒灌，且铁路穿城而过，下穿式地道桥、过铁路涵洞等低洼地存在内涝积水现象，洪涝潮问题突出。此外，七里海、金沙湾等海岸线功能退化、海水养殖污染以及湿地生态功能降低，海水水质面临风险。

蓄排并举，洪涝潮协同共治。通过提高石河、汤河、饮马河等主要河道行洪能力，建设防洪防潮堤坝，优化防洪防潮体系；通过提高潮河、小汤河、东浆河、新河等排涝河道排水能力，提升排涝泵站能力，改造及修复老旧排水管网，建设雨洪调蓄空间，因地制宜改造海绵型老旧小区34个，海绵型公园22个，海绵型道路12条，消除内涝积水点，不断完善排涝工程体系。

生态修复，"旅游+海绵"共建。秦皇岛作为滨海旅游城市，水环境质量要求高。开展退养还湿、海岸修复以及河口湿地生态修复等工程，优化城市天然湿地的水资源调蓄和净化功能。结合生态修复，融入海绵城市理念，建设独具特色的"旅游+海绵"高品质生态产品。

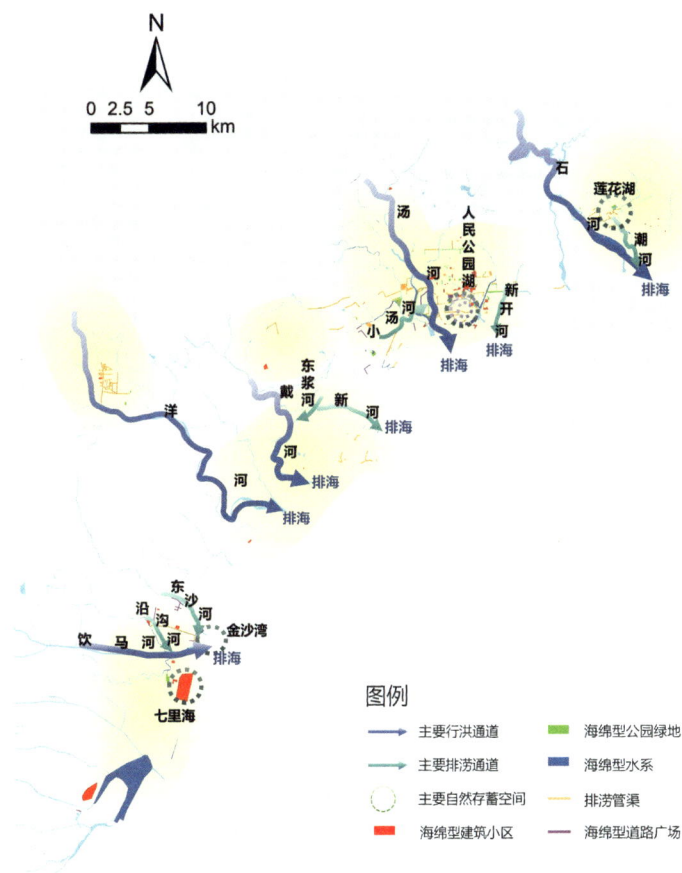

秦皇岛市海绵建设项目分布图

建设成效

提升城市防洪排涝能力，建设安全韧性城市。汤河、石河等城区主要防洪河道达到100年一遇（264毫米/24小时）防洪标准，已完成下穿式地道桥、过铁路涵洞等内涝积水点位升级改造，可有效应对30年一遇（213毫米/24小时）内涝标准。

海洋生态保护修复，提高生态环境品质。通过生态修复，七里海、金山湾等近岸海域水质达到海水Ⅱ类标准，满足水环境质量要求；渔田七里海度假区的雨水，通过透水铺装、下沉式绿地等海绵设施有组织地排入景观水体，雨水调蓄空间达2万立方米，净化后的雨水最终汇入七里海湿地，有效提升水环境质量。

建设大街地道桥整治前（51毫米/小时降雨，2022.7.20）

建设大街地道桥整治后（57毫米/小时降雨，2024.8.20）

渔田七里海度假区与七里海海洋生态保护修复湿地

葫芦岛市　　　　　　　　　　　　　　　　　　　　　　辽宁

城市特征

　　葫芦岛市位于渤海海岸滨海平原，是东北地区连接京津冀区域门户城市，素有"关外第一市"之称。2023年，建成区人口约50万，面积约95平方公里，为中等城市，基本为老城区。建成区地下水位较高，土壤渗透性相对较差，多年平均降雨量为577毫米。

　　葫芦岛市整体地势平缓，建成区三面环山，东临渤海，连山河、五里河、茨山河、月亮河等四河自西向东穿城而过，形成"三山—中城—东海"的格局。

葫芦岛区位图

葫芦岛市地形地貌示意图

建设思路

葫芦岛山、海、城格局下易受洪涝潮叠加影响，山洪入城、天然排水河道被挤压侵占、排水设施能力不足等多因素导致内涝积水风险较高；此外，老城区雨污合流体制下存在溢流污染风险。

截蓄疏排并举，减少外水入城。新增山体截洪沟渠，引导无组织山洪有序入河，充分利用山脚坑塘存蓄山洪，开展荒地河等山洪沟及暗渠整治，畅通山洪行泄通道，减少山洪对城市冲击。推进河道综合治理，提升城区连山河、五里河、茨山河、月亮河防洪能力，保障城市防洪安全。

污涝统筹共治，提升排水效能。聚焦易涝积水区，提升排水管网及泵站能力；结合老旧小区改造、道路更新改造等稳步推进雨污分流工作。基于管网系统排查识别的破损、渗漏及雨污混错接等问题，针对性开展修复治理工作，整治截污干管及溢流口，减少清水入渗、污水冒溢，提高污水收集效能。

葫芦岛市海绵设施布局图

统筹片区治理，提升宜居指数。地下地上相结合，以管网改造为主干，以排水分区为单元，推动片区系统整治。小区、道路、街角绿地因地制宜设置下沉式绿地、雨水花园、地下调蓄模块等设施，发挥削减降雨径流功能，减轻管网压力的同时，改善人居环境，提升生态和景观功能。

建设成效

城市安全韧性有所提升，内涝积水问题明显改善。疏通排洪渠道，有效降低山洪入城风险，保障雨水顺利排河入海；城区排水设施能力大幅提升，历史易涝积水点在20年一遇（154毫米/24小时）降雨条件下基本消除。

龙湾大街山水路治理前积水实景图
（141毫米/24小时降雨，最大小时降雨量24毫米，2022.7.6）（积水深度约800毫米，退水时间约3小时）

龙湾大街山水路治理后积水实景图
（147毫米/24小时降雨，最大小时降雨量36毫米，2024.7.25）（降雨后30分钟内完成退水）

原有积水道路上的"坑洼小水塘"消失不见，取而代之的是色彩清新、平坦舒适的透水人行道路铺装，原来一棵棵孤单的树组合成多重植物搭配的生态树池，增绿添彩的同时又可将降雨期间的道路雨水蓄滞净化；考虑家长接孩子的等候需求，环绕树池一周设置坐凳，同时发挥着安全防护和休憩歇脚的功能。

人居环境品质明显提升。以老旧小区改造、城市街角绿地、道路广场改造为载体，系统建设多功能海绵设施，大幅改善城市人居环境，打造"老城变新城，小区变花园"的绿色宜居海绵城市。

龙绣街道路海绵化改造工程改造前　　　　龙绣街道路海绵化改造工程改造后

龙绣街道路海绵化改造工程：改造前绿化单一，小雨积水；改造后铺装平整，增加雨水蓄滞净化功能，消除局部积水问题

爱心公园改造前实景图1　　　　爱心公园改造前实景图2

爱心公园改造前为河边闲置空地，部分场地堆砌有杂物，道路崎岖不平，雨季泥泞不平易积水，整体环境质量较差

爱心公园改造后

改造后为集休闲、娱乐、景观、海绵功能于一体的活力滨水空间，充分发挥滨河公园对雨水的渗滞净排功能

内涝积水洼地蜕变为市民共享绿意空间，小小广场改造发挥"平急两用"大功效：变原有低洼泥泞的臭水洼地为小区内居民跳广场舞、开展党群活动的开敞空间，梯级蓄滞的延时调蓄塘、铺满鹅卵石的生态旱溪，成为小朋友们美好童年的寻宝地。

山城露园改造前

山城露园改造后

山城露园改造前：闲置低洼土丘，人居环境较差，雨天泥泞积水；改造后场地平整，绿意盎然，深受周边居民喜欢和好评

山城露园改造后俯视图

山城露园改造后：因地就势设置的梯级蓄滞延时调蓄塘可实现对上游山洪水和道路雨水的消纳蓄滞，原有内涝积水区域已消除；巧妙利用地形布局的前置塘、延时调蓄塘、透水铺装、雨水花园等海绵设施与市民休闲娱乐场所实现多功能融合

九江市

城市特征

九江市位于江西省北部，是长江中下游中等城市，中心城区北靠长江，南依庐山，东临鄱阳湖，总体地形南高北低，南侧为丘陵地形，北侧为冲积平原。2024年建成区面积177平方公里，常住人口106万。

九江是江西省唯一的沿长江港口城市，全省152公里长江岸线，三分之二的鄱阳湖水面及岸线均在九江境内，形成了独具特色的"一山独耸、二水合流"山水空间，呈现"山在城中，城在水边"的城市风貌。

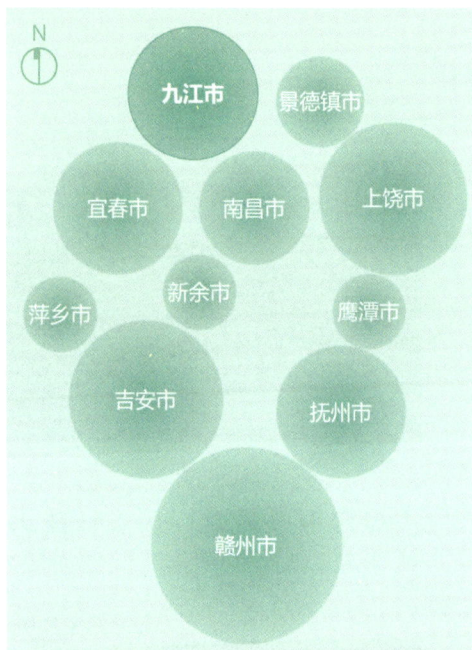

九江区位图

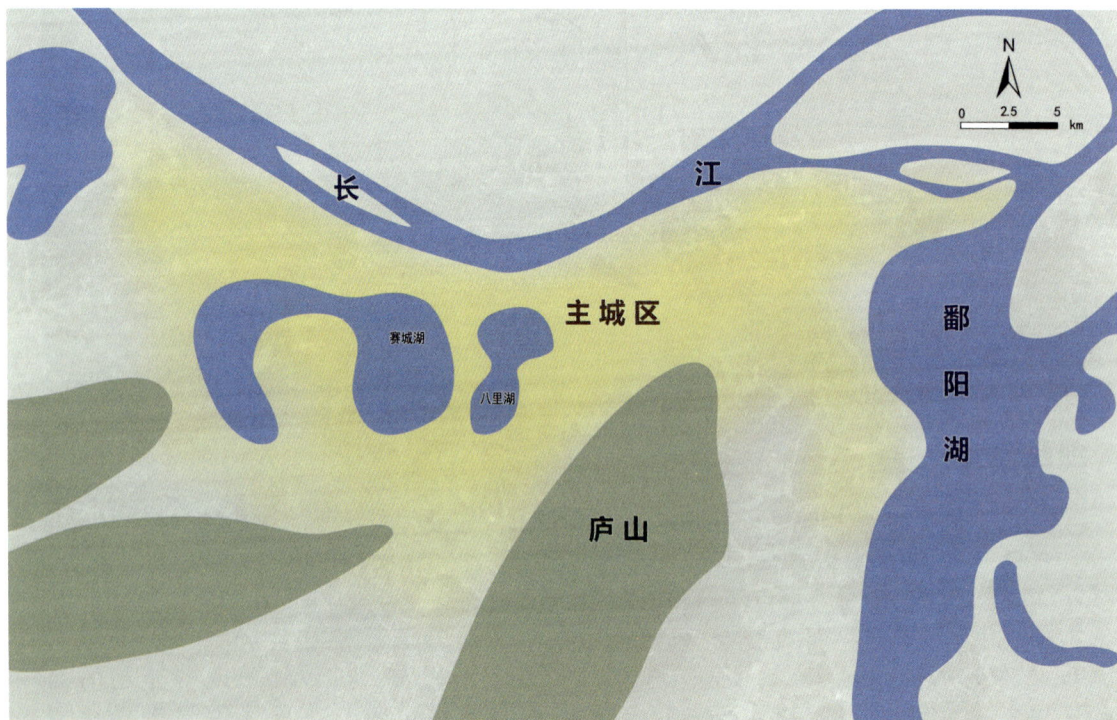

九江市地形地貌示意图

九江地处中亚热带向北亚热带过渡区，气候温和，四季分明，多年平均降雨量为1509毫米。每年汛期，约有40天时间长江水位高于中心城区河湖水位，城区雨水先汇入城市内湖，再经排涝泵站提升排入长江。

建设思路

九江市受长江洪水、鄱阳湖洪水和南侧山洪多重威胁，汛期防洪排涝压力较大。城区有赛城湖、八里湖、白水湖等多个内湖，但老城区地下管网历史欠账较多，人居环境较差，受合流制区域溢流污染以及城市面源污染影响，雨天河湖水质变差，污水处理设施效能不高。

统筹防洪排涝，一是加固外河堤防，实施长江干流崩岸应急治理等工程，确保城市防洪安全，确保外水不入城，避免因洪致涝；二是挖掘内湖潜力，实施中心城区"六湖九河"治理工程，打通赛城湖、八里湖等水系，充分利用天然河湖调蓄空间，拓展河口泵站、河东泵站等排涝泵站能力，构建城区蓄排平衡体系，提升内涝防治标准，确保涝水排得出；三是实施区域积水改造，制定"一点一策"，对京九铁路沿线下穿道路积水点实施改造，全面消除易涝点。

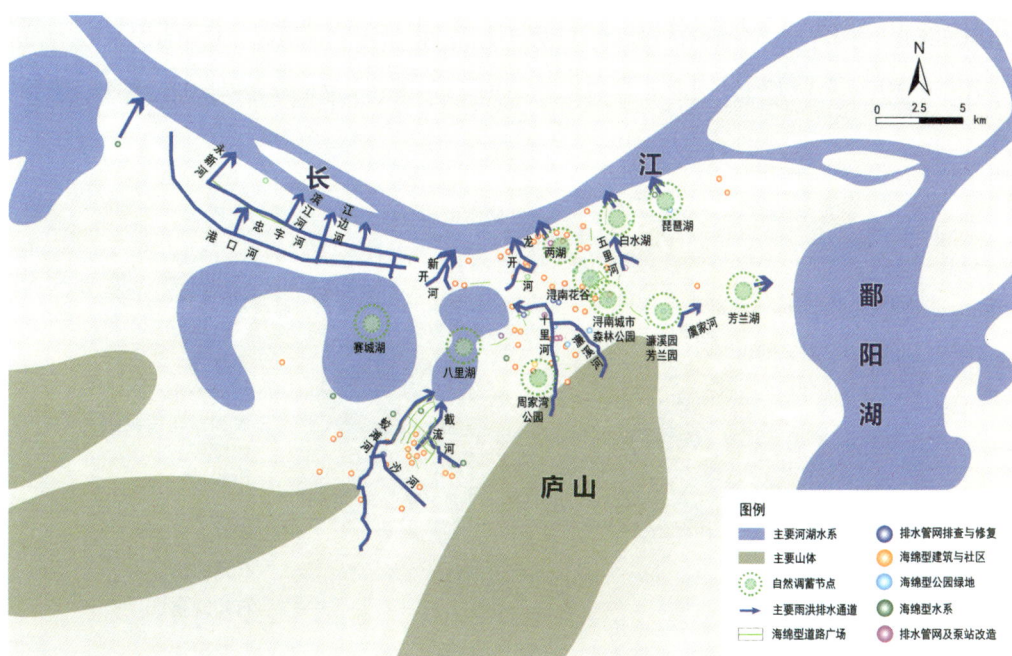

九江市海绵设施布局图

实施污涝共治，按照系统治理、源头治理、精准治理的思路，全面实施中心城区水环境综合治理工程，实施小区、市政道路地下管网改造的同时，全面落实海绵城市建设理念；实施合流制区域排水管网改造，控制溢流污染；实施源头地块海绵化改造，充分利用现有的初期雨水调蓄池、人工湿地，控制城市面源污染。

提升人居环境，结合老旧小区、老旧街区、废旧厂区改造以及完整社区建设等城市更新工作，充分利用城市更新项目周边的微小空间、零星插花地，结合休闲绿地、运动场地等设施建设，同步落实海绵城市建设理念，提升老城区人居环境。

建设成效

防洪工程全面达标，长江崩岸治理与长江国家文化公园建设有机融合，采用聚酯碎石护坡、网面钢丝镀高尔凡等新材料和沉箱法等新工艺，全面强化长江崩岸治理实效，筑牢外洪防线的同时，优化提升沿江12公里的生态廊道，将滨江沿线的琵琶亭、锁江楼、浔阳楼等古建筑进行有效串联，打开沿江视野，提升沿江生态环境品质，形成了江城联动的全新生态格局。

内涝防治水平有效提升，通过实施水系连通、排涝泵站提升改造、源头海绵化改造等措施，基本构建了城市蓄排平衡体系，达到30年一遇内涝防治标准（222毫米/24小时）的排水分区面积比例较海绵城市建设之前提

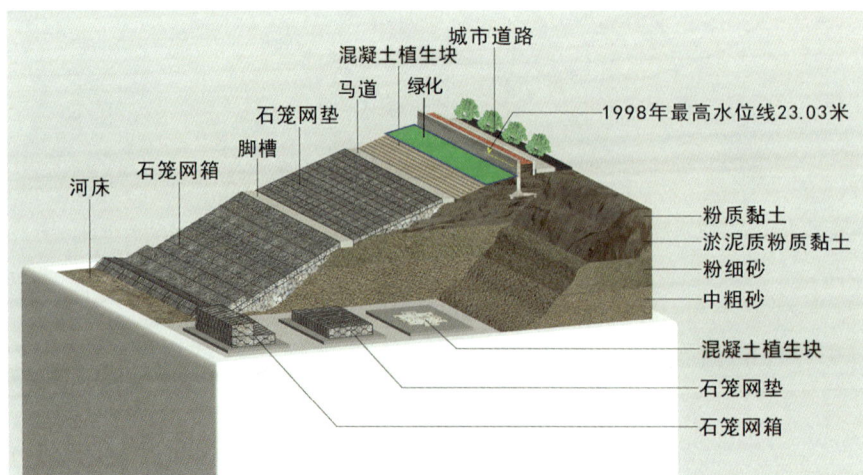

长江干流崩岸治理措施示意图

九江长江国家文化公园

长江干流江西段崩岸治理后

十里河下游段整治前

十里河下游段整治后

琵琶湖整治前

琵琶湖整治后

升了60个百分点；通过实施"一点一策"，易涝点消除比例达到了80%。

城市水环境质量显著改善，龙开河、十里河、琵琶湖三条黑臭水体全部消除，实现"长制久清"。治理后的十里河上游水质可稳定达到地表水Ⅱ类标准，流经城区后水质普遍优于地表水Ⅳ类标准。中心城区其他水体水质基本达到或优于地表水Ⅳ类标准。

排水设施效能大幅提升，2023年城市污水集中收集率较2019年提升了42个百分点，污水处理厂进水BOD_5浓度较2019年提升了20%，城市污水集中收集率连续两年排名江西省第一。

九江市将海绵城市建设理念落实到老旧小区改造、老旧街区改造、废旧厂区改造以及完整社区建设等城市更新工作中，重点打造了石化五区、庐北社区、九动梦工厂等一批有亮点、有特色、可复制的示范项目，不仅从源头上减少雨水径流量、削减了面源污染，而且提升了人居环境，拓展了活动空间，提高了城市品质。海绵城市结合景观打造，结合历史文化街区打造，群众总体满意度达到了95%。

石化社区五区小区老旧小区改造项目

动力机厂历史文化街区项目

屋面雨水
道路雨水
溢流井
雨水花园

庐北社区完整居住社区建设项目

地表径流
地表径流
道路雨水
绿化雨水
溢流井
雨水花园
透水铺装

周家湾公园海绵设施

南昌市

城市特征

南昌市位于江西省中部偏北，地处赣江和抚河平原的腹地，四周被丘陵和低山环抱，是典型的滨海临江城市。土壤整体渗透性一般，多年平均降雨量1589毫米。

2023年，南昌市中心城区建成区面积约383平方公里，人口数量56万，建成区内水域面积占比约15%，绿化面积占比约40%。

南昌市位于我国最大淡水湖—鄱阳湖畔，全市天然水域及湿地面积12.6万公顷，天然水域及湿地率达17.5%，是首批国际湿地城市。

南昌区位图

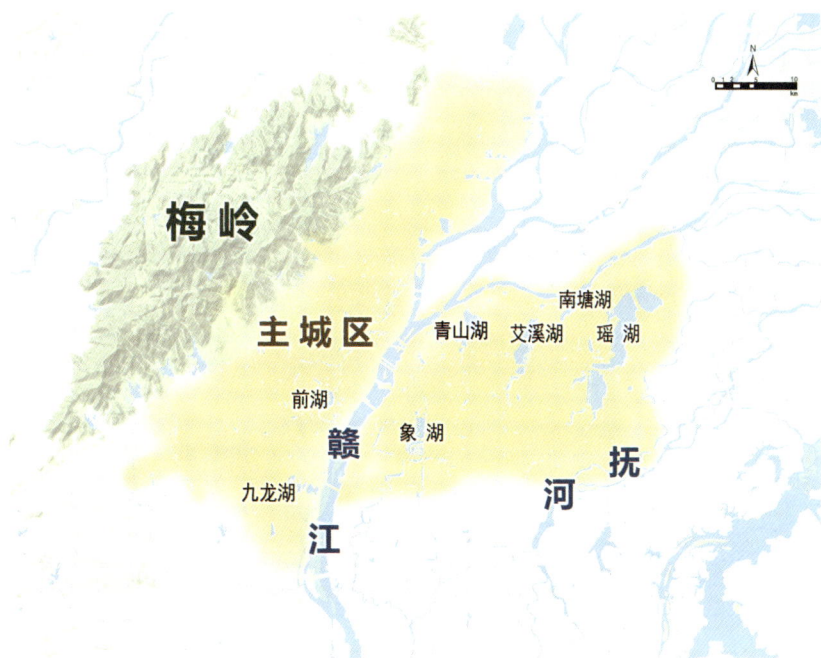

南昌市地形地貌示意图

建设思路

沿江平坦地形，导致汛期赣江、抚河水位高于城区河湖水位，涝水难以自流排出。用好城市的自然调蓄空间，加强沿江排涝泵站的联合调度是南昌市解决内涝问题的重要举措。

蓄排平衡。建设乌沙河、吴公庙等8座排涝泵站，提升排涝能力，与城区18.4平方公里的调蓄水面，1731.9万立方米的调蓄容积相匹配，确保城区内涝防治标准达到50年一遇（249毫米/24小时）。

涝污同治。实施6313个排水单元的管网改造，雨污合流区域改造96平方公里，管网混接、错接改造311平方公里，让雨水入河、污水进厂，削减进入河湖的污染物，改善河湖水质。

生态修复。对乌沙河、艾溪湖等流域，实施沿河截污、底泥清淤、水库补水等综合措施，恢复礼步湖、黄家湖、孔目湖等调蓄空间、水体净化能力和动植物生长环境等。并对粉煤灰堆砌区—鱼尾洲、油库渗漏影响区—鱼目山等区域进行重点建设。

乌沙河流域海绵城市建设布局图

建设成效

排涝能力显著提升。排涝能力从原有374.1立方米/秒提升至744.5立方米/秒，提升了99%。其中乌沙河排涝泵站增加排涝流量342立方米/秒，进一步保障了乌沙河流域205平方公里的排涝安全。

旧五孔闸
汛期受赣江高水位顶托，城区涝水难以快速排出

乌沙河排涝泵闸
排涝水量3000万立方米/日，快速排出城区涝水

河湖水质明显改善。14个国控、省控断面的水质全部达到地表Ⅲ类水质及以上标准，原有20%低于地表水Ⅳ类标准的河湖水质逐步改善至Ⅳ类水质标准。

李家桥下游乌源港道建设前

李家桥下游乌源港道建设后

河湖生态功能恢复。通过生态修复，先后打造了艾溪湖湿地公园、鱼尾洲公园、青山湖风景区等集市民休闲游憩与生态保护于一体的城市水体、湿地公园，成为了市民"家门口"的好去处，"推窗见绿、出门即景"已成常态，生态魅力尽显，擦亮了"鄱湖明珠·中国水都"南昌水名片。

艾溪湖　引水补水　保障生态
人行道+树池+路旁绿地　透水+下沉设计　联合减排
取水装置　雨水利用
湿地　积蓄净化雨水　湖水

鱼尾洲公园

湿地　调蓄净化
岸线　缓流下渗
游步道　透水下渗

艾溪湖湿地公园

烟台市

城市特征

烟台市位于山东半岛东北部，南邻黄海、北靠渤海，是全国首批14个沿海开放城市之一。主城区全线滨海，多年平均降雨量为692毫米，人均水资源量仅415立方米，不足全国水平的1/5。

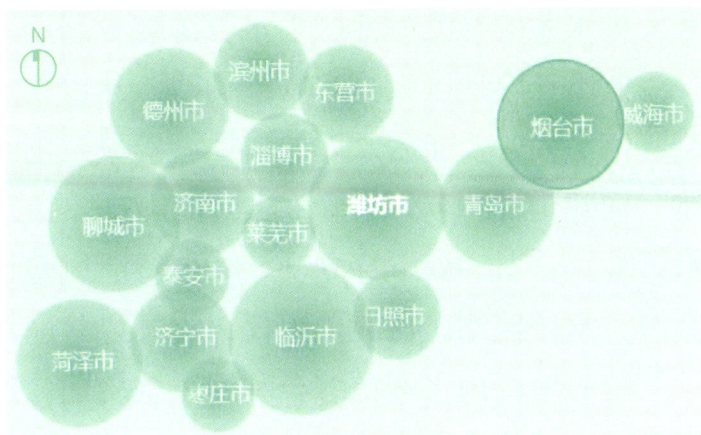

烟台区位图

烟台市为滨海地区低山丘陵地形，南部群山屏立、中部丘陵北延入海，城区南北跨度小，且地形坡度大，城区坡度大于5°的地形占比38%以上，因此中心城区排水条件较好，排涝方式以重力自排为主，降雨汇流过程具有路径短、排水快等特点。

烟台市地形地貌示意图

建设思路

基于中心城区降雨集中、坡度大等本底条件，导致城区雨水利排难蓄，短时暴雨易引发"马路洪水"、低洼区积水等问题，构建低山丘陵地区大排水系统与滨海地区雨水资源综合利用系统。

低山丘陵地区大排水系统构建。建设化工园区、晒甲河周边道路等行泄通道工程，及庙后水库、凤凰湖等城区雨水调蓄水塘水库，融合"新城建"构建道路内涝风险阈值与基于物联网的预警预报体系，整治109处积水风险点，对30处下穿立交、40处行泄风险道路等重点风险点位设置视频监控、水位监测、行泄预警仪，提升风险应对能力。

滨海地区雨水资源综合利用系统构建。通过建设源头地块雨水集蓄利用设施、城区坑塘水体调蓄利用、河道拦蓄等构建中心城区多层级雨水利用体系，结合滨海岛屿缺水特点对长岛、崆峒岛等"屋面接水、路面集水、山上拦蓄"的雨水资源利用格局进行全方位提升改造，综合提升雨水资源利用水平。

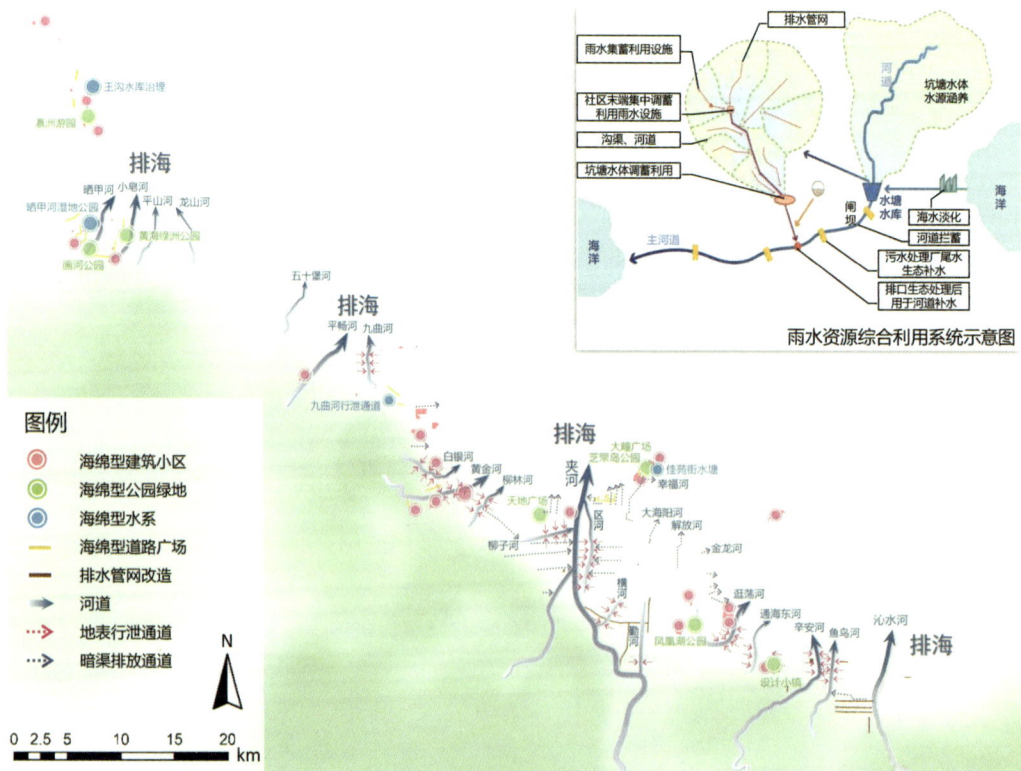

雨水资源综合利用系统示意图

烟台市海绵城市建设体系图

建设成效

内涝风险应对水平有效提升。城区凤凰湖、逛荡河、设计小镇中心湖等蓄排系统切实发挥作用，系统提升片区排水防涝能力至30年一遇（193毫米/24小时）。提升城市内涝防治能力的同时，结合城市更新、新城建，融入休闲、游憩、智慧化等功能，综合提升人居环境水平。以凤凰湖公园为例，围绕"生态、民生、智能"规划建设透水铺装活动场地、雨水花园等生态设施的同时，建设环湖智慧跑道等智慧化设施，成为莱山区新地标项目。

滨海迎宾路积水点整治前（32毫米/小时降雨）

滨海迎宾路积水点整治后（27毫米/小时降雨）

凤凰湖公园

雨水利用水平综合提升。源头地块建设蓄水池、建筑雨落管集蓄利用设施（雨水桶、雨水花箱等）规模达28000立方米，结合坑塘水体集蓄利用、河道拦蓄等城区年雨水资源利用量达到220万吨，配套建设阿基米德取水装置、单车踩水等互动设施丰富雨水利用的多功能性。

长岛居民庭院屋面雨落管接入地下集雨水窖

居民利用净水窖过滤净化后的雨水

明玥春江小区踩水车

明玥春江小区排水管网末端蓄水池建设单车踩水互动设施，通过踩水车动力将蓄水池雨水提升至绿地浇灌

城市特征

岳阳市位于湖南省东北部，环抱洞庭湖，北依长江，南接三湘四水。岳阳市是华中地区大城市，2022年，中心城区建成区面积134平方公里，人口数量118万。城市土壤渗透性较差，多年平均降雨量为1357毫米。

岳阳市是典型的滨海临江城市，主城区北倚长江，西邻洞庭湖。城市湖泊星罗棋布，末端南湖、洞庭湖等湖泊景观水位较高，排涝方式以泵站提升+重力自排相结合，整体排水条件一般。

岳阳市城市防洪压力较大，每年汛期，为保证城市防洪安全，当外江水位高于33.46米时，外排泵站停止运行，内湖水位持续偏高，给岳阳市内涝防治工作带来了较大的挑战。

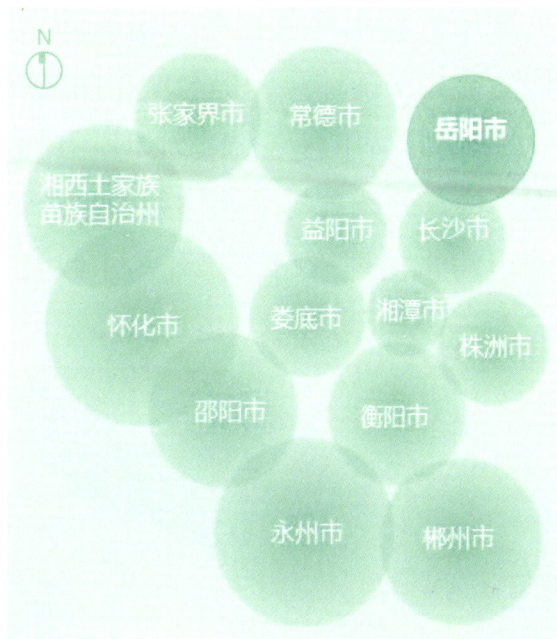

岳阳区位图

岳阳市地形地貌示意图

建设思路

　　汛期外江顶托，强排停运，城市面临巨大的城市排水压力，同时由于城市排水设施薄弱，外水入流入渗和雨污混错接严重造成城市污水收集效能低，城市内湖水环境存在一定风险。

　　构建蓄排平衡体系，提高城市防洪排涝标准。通过新建和改造排水管网85公里，排水泵站10座、调蓄池4座，结合东风湖、吉家湖等城市水体修复整治工程，构建城区蓄排平衡体系，重点消除梅溪桥、九华山等内涝积水点。

　　制定污水治理策略，提升污水收集设施运行效能。岳阳市海绵城市建

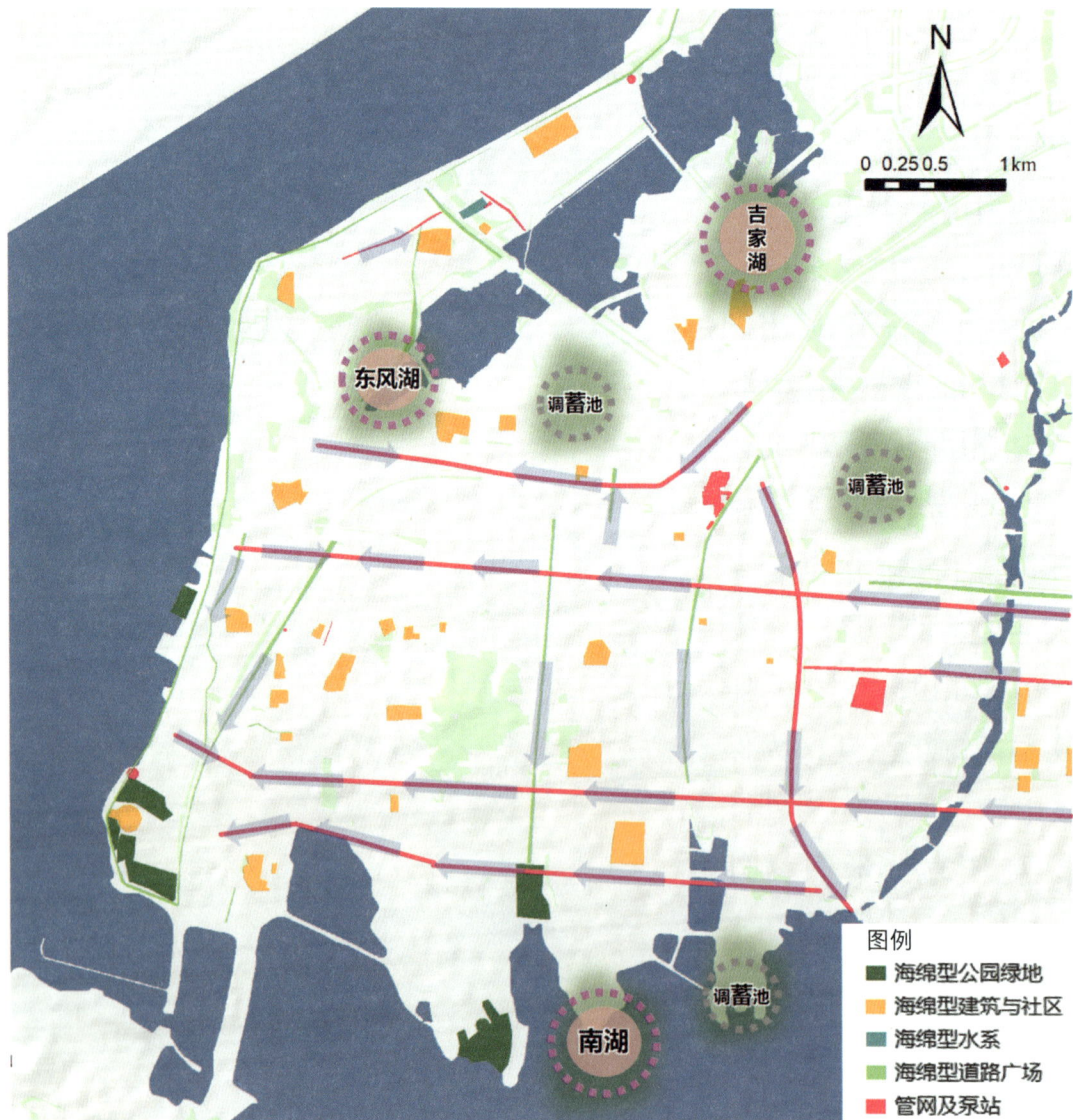

岳阳市城市海绵设施布局图（岳阳楼区）

设，结合城市污水系统综合治理，实施地块雨污分流改造、市政管网以及污水处理设施建设等工程389项，进一步提升城市生活污水集中收集率以及污水处理厂污染物进水浓度。

协同城市更新改造，提高居民生活幸福指数。实施116个城市地块、道路及公园绿地海绵化改造，通过提升地块绿化品质，建设生态停车场、透水铺装广场，解决居民停车难、雨天出行难、休闲和活动空间不足的问题。

建设成效

蓄排平衡体系初步建立，城市内涝防御能力显著提升。示范期间，岳阳市通过构建城市"蓄排平衡"的内涝治理体系，成功消除了城市内涝积水点。在2024年6月27日（69毫米/24小时）与7月1日（74毫米/24小时）的暴雨天气中，岳阳市未发生内涝现象，局部地区出现的短时积水均在雨后1小时内消退。

龙腾华府地段

潘家组地段内涝积水点（未发生积水）

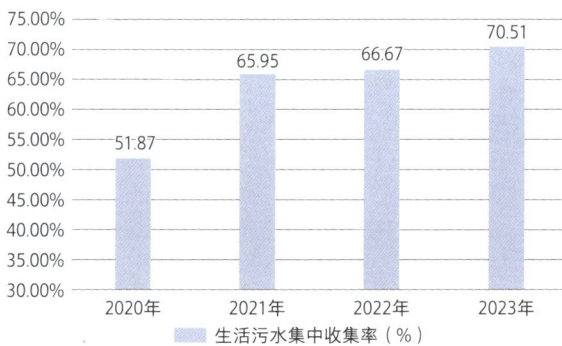

城市生活污水集中收集率趋势图

城市生活污水处理厂污染物进水BOD$_5$浓度趋势图

城市污水收集系统得到完善，污水处理厂运行效能提升。岳阳市通过对污水系统设施的完善，打造了"污水不入河，外水不进管，雨水不进厂"的城市排水系统，城市生活污水集中收集率和污染物进水浓度得到有效上升。其中城市生活污水集中收集率相对于2020年示范建设前的51.87%提升至70.51%；进水BOD_5浓度相对于2020年的71.29毫克/升提升至95.9毫克/升。

"山水城人"和谐融合，人居生活环境得到提升。将海绵理念融入城市更新、老旧小区改造等城市建设中，打造了华泰小区、洞庭湖大桥下空间等一批海绵型建筑社区、道路与广场，提高居民住宅小区环境质量和居民休闲娱乐空间环境质量，增强居民幸福感和获得感。

洞庭湖大桥下空间改造前

洞庭湖大桥下空间改造后

华泰小区透水停车场和居民休闲空间

城市特征

　　汕头市位于广东省东南部，2022年，城市建成区面积279平方公里，辖"六区一县"，具有"三江、四脉、五湾、一岛"的山水格局和"山水田城海岛"的国土格局。汕头市以赤红壤土为主，土壤渗透性较差，多年平均降雨量为1528毫米，集中在4～9月。

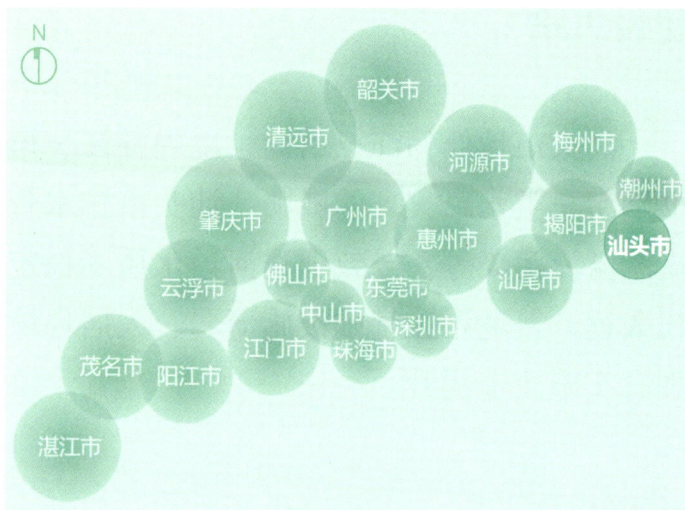

汕头区位图

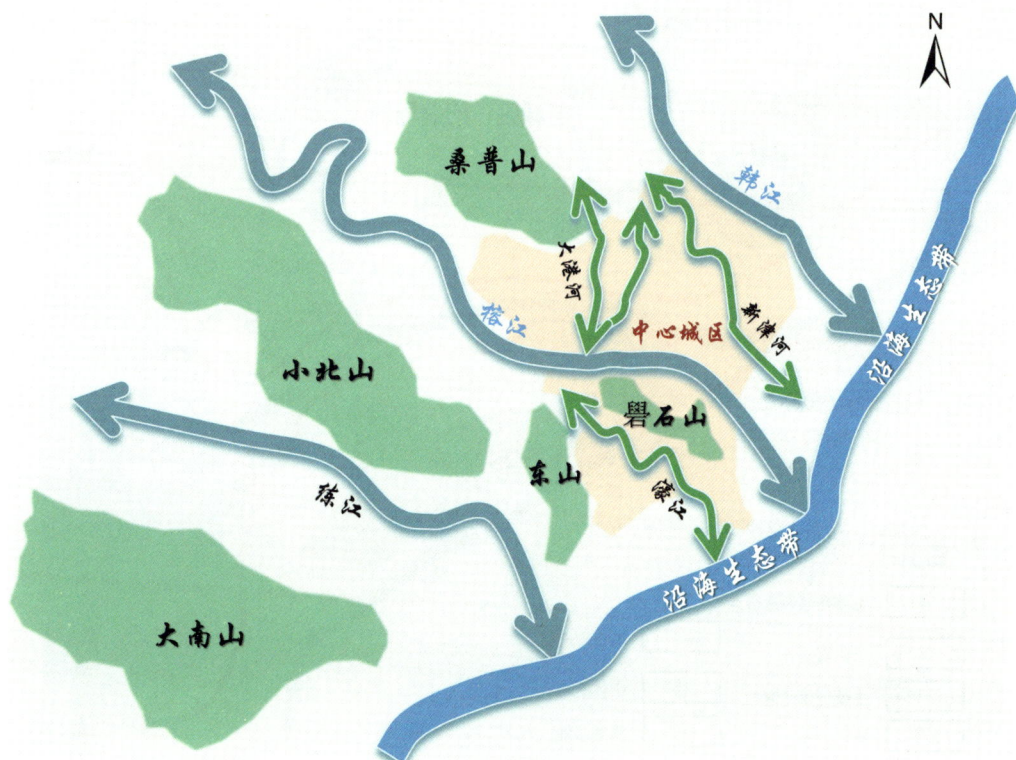

汕头市地形地貌示意图

汕头市为粤东潮汕平原"山水连城、城海交融"海湾城市。汕头地处韩江、榕江、练江下游滨海平原，具有七山环抱、三江入海的自然生态格局。地形西北高、东南低，平原地面高程一般为0.5～3米。

建设思路

汕头市地处韩江三角洲，境内韩江、榕江、练江三江入海，同时受到洪潮涝三类水患灾害的威胁。汕头市排水管网破损、混接情况较严重、合流制溢流污染等，导致雨季河道水质不稳定。中心城区内老旧小区建设年代久远，普遍存在基础设施薄弱，人居环境品质低等问题，亟需结合海绵理念实施改造提升。

汕头市海绵城市建设体系

构建蓄排平衡大海绵体系，提升区域内涝防治能力。利用上游梅州市境内的高陂水利枢纽与棉花滩水库蓄洪作用，减少韩江洪水下泄对下游造成的冲击，在此基础上联合中心城区防洪（潮）设施，充分利用域内水网的调度调蓄能力，结合泵站抽排措施，使得中心城区防洪（潮）标准达到100年一遇，内涝防治标准达到30年一遇（331毫米/24小时）。

推进"多网"协调治理，统筹城区"污涝"共治。通过构建弹性城市水网（下游泄洪通道）+通畅雨水管网（中游涝水快排）+密闭污水管网（严控污染外溢），实现多网协调治理，并结合"厂网河站一体化"调度，最终实现污涝共治目的。

老旧小区"改造+海绵"，助力人居环境提"质"增"颜"。结合汕头市老旧小区特点，分级分类推进老旧小区海绵化改造。以问题为导向，优先解决内涝、雨污合流等问题；同步解决无停车位、供电难、缺少公共活动空间等问题，提升社区环境品质，提升居民幸福感、获得感。

建设成效

城市安全韧性显著提升，实现"污涝"统筹治理。通过在全市开展多项源头减排工程，管网、泵站新改建工程，管道清淤、管道缺陷排查与修复、混错接整治等项目，恢复管道排水能力，实现雨污分流，加强末端抽排及调蓄能力，全面提升中心城区内涝防治能力，实现城市建成区黑臭水体达到"长制久清"的目标要求。

长平华山路口积水点整治前（130毫米/24小时）

长平华山路口积水点整治后（104毫米/24小时）

老旧小区改造融入海绵理念，居民幸福指数持续提高。十四五期间，汕头市实施老旧小区改造672个，惠及居民17.77万户。改造过程中，充分结合群众意愿，实施"海绵+"工程。例如在桃园、金珠园等老旧小区改造过程中，针对小区基础设施老化、排水不畅、公共环境品质差等问题，因地制宜对原有的绿色广场、空地、边角地进行海绵化改造。通过设置屋面雨水立管断接、园区道路改为透水砖、增设雨水花园、生态停车场等形式，让破旧老化的社区面貌焕然一新，让"老"居民过上"新"生活。

棕地生态修复融合海绵城市典范，打造汕头城市门户形象。南滨公园结合海绵城市建设，提升区域整体景观，打造汕头城市门户形象，成为满足居民休闲、娱乐、生活功能的市民公园。公园在整个片区联动区域内，通过重塑场地水系，成为片区内一个大的生态海绵体，末端增加调蓄空间约2万立方米，实现场地及周边"小雨不积水，大雨不内涝"的治理目标，缓解周边内涝压力。

桃园小区改造前
场地黄土裸土、环境品质差

桃园小区改造后
利用院中央广场新建雨水花园，并将周边道路及屋面雨水引入

南滨公园改造前

南滨公园改造后

04

山地河谷
城市

三明市

城市特征

三明市位于福建省西部，闽江上游，武夷山脉和戴云山脉之间。2023年，中心城区建成区面积45.15平方公里，人口数量24.84万。三明市位于中亚热带季风气候区，多年平均降雨量为1649毫米。

三明市是典型的闽西地区山地河谷型城市，主城区"两山夹一沟"，沙溪穿城而过。地势总体上西南高，东

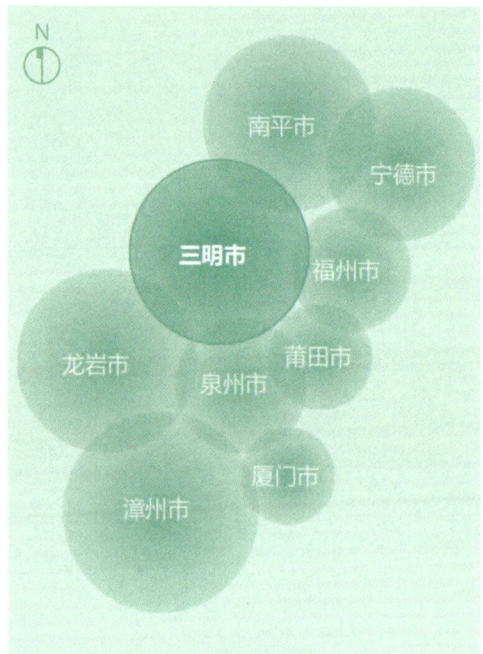

三明区位图

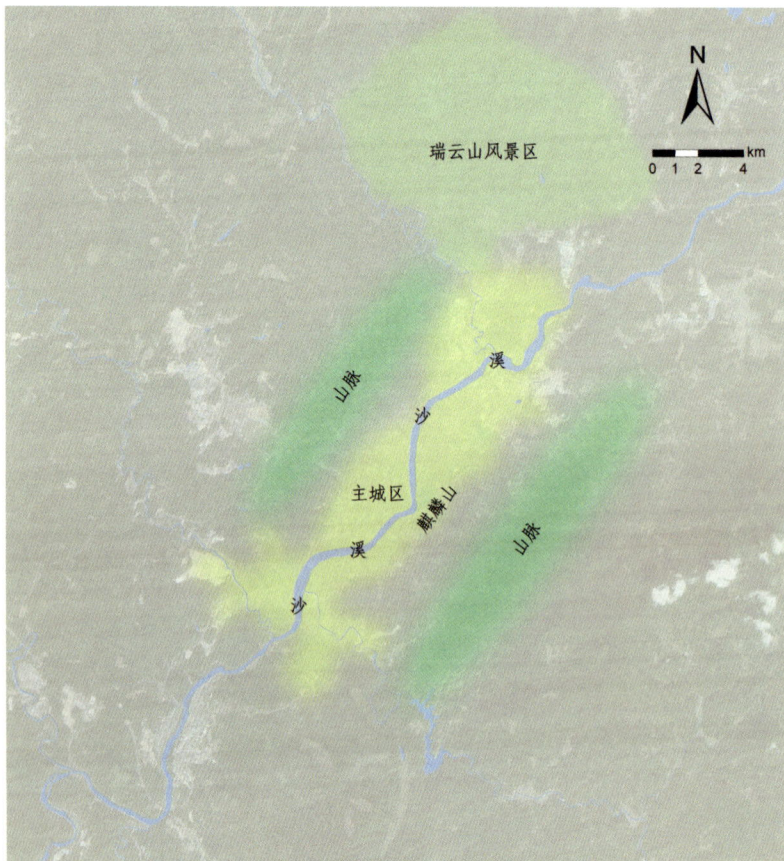

三明市地形地貌示意图

北低，沿沙溪河两边高中间低，西岸丘陵广布，地势较缓，自西北向东南坡向沙溪；东岸阶地狭窄，向东坡度急剧上升。

建设思路

三明市独特的地形导致市区面临山水、雨水、河水相叠加的排涝压力。三明市通过建立"上拦、中疏、下排、外挡"的防洪排涝体系，提升城市防洪排涝能力，解决城区"三水叠加"导致的积水内涝问题。

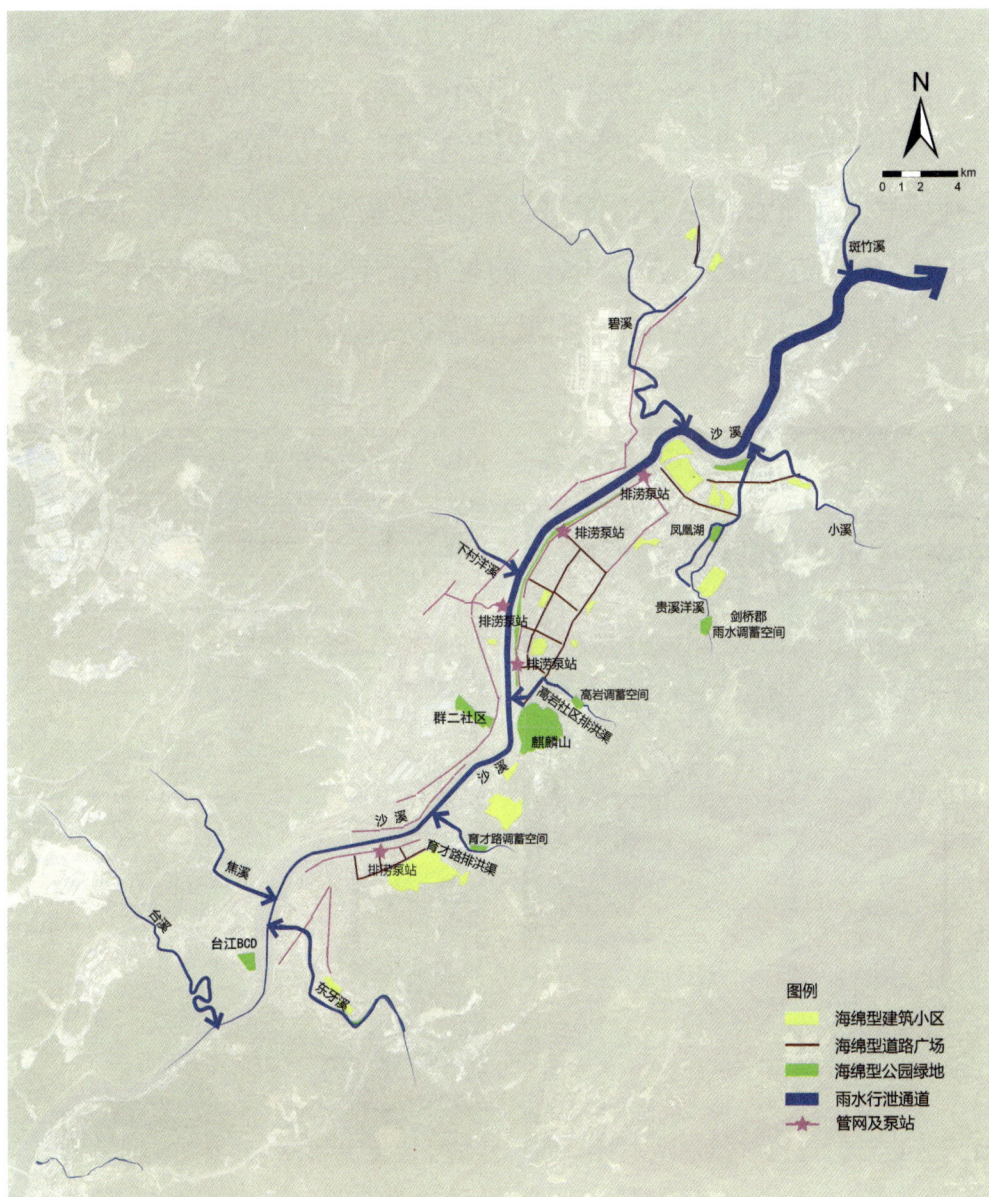

三明市防洪排涝工程体系图

"上拦"山水，实施沿山小区海绵改造工程，控制雨水径流量；利用自然调蓄空间提升山水滞蓄能力，实现削峰错峰的作用。"中疏"雨水通道，建设排涝泵站配套管网，完善城区雨水行泄通道。"下排"涝水，新建及改扩建排涝泵站，提升涝水抽排能力。"外挡"江水，加高加固沙溪两岸防洪堤，提升防洪堤标准。

建设成效

优化了城市防洪排涝工程体系，利用凤凰湖、贵溪洋湿地等自然调蓄空间，提升城市山水滞蓄能力；新建扩建东新五路、芙蓉路等6座排涝泵站，抽排能力由19.8立方米/秒提升至92.7立方米/秒（抽排能力提升368%）。开展排涝泵站配套管网建设工程，提标改造排水管网27.45公里，提升城市雨水行泄能力，使城区可有效应对10年一遇（156毫米/24小时）降雨。改造防洪堤11.22公里，使城市防洪能力达到30年一遇重现期的标准（对应水位133.9米）。海绵城市建设后，7处易涝点已消除5处。

列东大桥下易涝点改造前（降雨量164毫米/24小时，2022年5月）

列东大桥下易涝点改造后（降雨量173毫米/24小时，2023年8月）

老旧小区海绵化改造不仅解决了小区内积水内涝的问题，还为市民提供了更加优美、舒适的公共空间，提升了城市的整体形象和品质，让居民体会到海绵城市建设带来的好处，根据2023年调查问卷结果，居民对海绵城市建设的满意度达94%。

贵溪洋湿地公园整治前
山顶黄土裸露，雨天存在水土流失的现象

贵溪洋湿地公园整治后

台江BCD块整治前

台江BCD块整治后

群二社区改造前

群二社区改造后

龙岩市

城市特征

龙岩市位于福建省西部，闽粤赣三省交界的核心区域，通称"闽西"，素有"九山半水半分田"之称，是一个典型的具有历史沉淀的中小城市，2023年，中心城区建成区面积69平方公里，常住人口269万，多年平均降雨量达1739毫米。

龙岩市是华东地区典型山地河谷型城市，主城区位于龙岩盆地内，四面环山，分为山顶建成区、山脚建成区、河谷新城区、河谷老城区四种类型。龙岩市地形高差较大、降雨集中、径流形成速度快、水土保持能力差，市内水系发达，东肖溪、小溪河、红坊溪等多条溪流汇入龙津河。

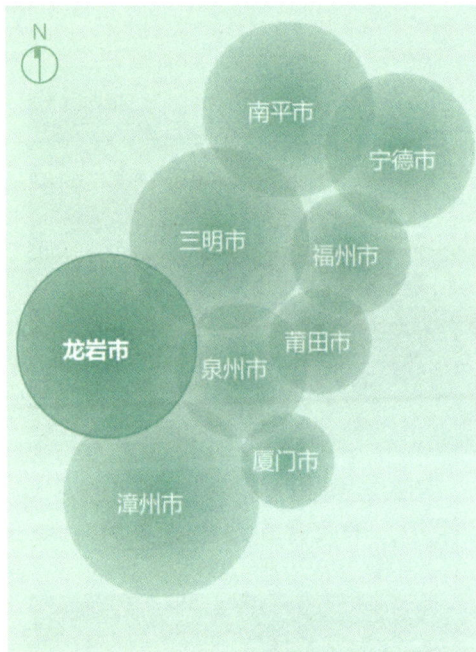

龙岩区位图

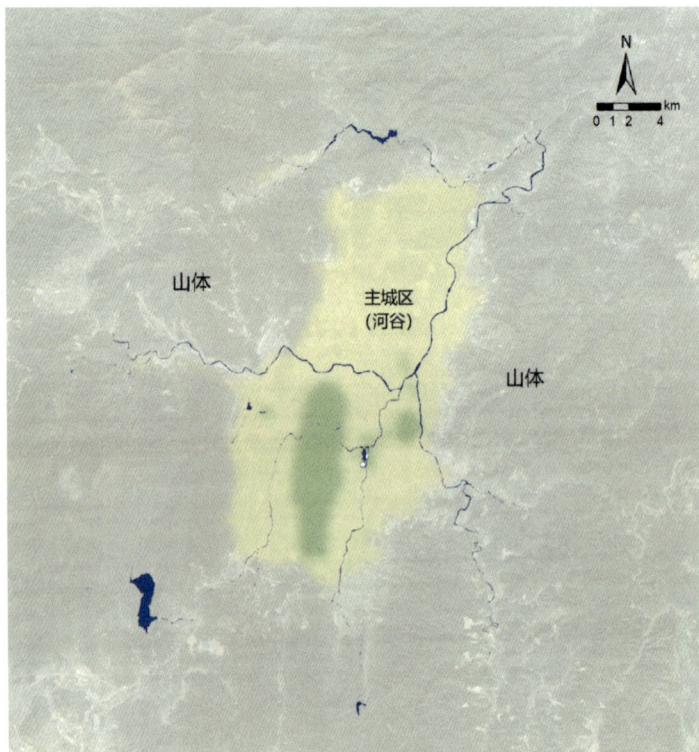

龙岩市地形地貌示意图

建设思路

由于龙岩市地形特征，城市面临一定的洪涝风险，部分区域存在内涝积水点。同时城区内存在废弃矿山，生态环境破坏严重，矿区污染物冲刷入河。

针对山地河谷型城市地势特征，充分依托独特山水格局，在空间上统筹构建山顶、山脚、河谷分层滞蓄净化的防涝治污体系，通过对山水的控制，减少城区内涝风险和水环境压力，并利用山体滞蓄的雨水资源解决山顶区域和下游河道生态补水需求。通过自上而下的海绵滞蓄净化体系建设，提升片区内涝防治标准，系统解决片区内涝积水问题。

针对废弃矿山，通过清理挖掘过的矿井和废石，清除城市"伤疤"。恢复土地及植被，增加建设用地，改善生态环境。利用原有大型矿坑建设海绵型调蓄湖体，结合收水范围和湖体调蓄能力，将片区需调蓄的水量分配至各调蓄体，将山体、道路、地块雨水引入湖体中净化，降低市政管网排放压力，并收集雨水回用于湖体生态补水、绿地浇灌及市政杂用。

龙岩市紫金山海绵治理思路图

建设成效

缓解城市内涝，龙岩市构建了山顶、山脚、河谷分层滞蓄净化的防涝治污体系，有效缓解城市内涝，旧城区内涝防治标准达到10年一遇（157毫米/24小时），新城区达30年一遇（186毫米/24小时）。2023年5月7日，

龙岩市遭遇强降雨，局部区域24小时降雨量达248毫米，远超50年一遇标准。暴雨期间开展巡查工作中发现，龙岩市主城区未增加新内涝点；已整治过的罗龙路铁路桥段、双龙路万达段、龙腾路体育公园路段等内涝点，未再出现内涝现象，解决了老百姓最关心的问题。

仙宫山分层滞蓄设施

罗龙路铁路桥下内涝点整治前（22毫米/小时降雨）

罗龙路铁路桥下内涝点整治后（50毫米/小时降雨）

废弃矿山海绵化生态修复，"城市伤疤"变身"生态之花"。紫金山矿区利用原有大型矿坑设置生态型调蓄湖体，减小废弃矿山山洪对下游城区的冲击，削减矿山污染物入河，采取政府主导、市场运作、统一规划、分步实施的方式引进社会资本治理建设，将废弃矿山治理为可利用的建设用地，并围绕生态修复和片区开发，深挖生态价值，提升片区品质，实现生态效益和经济效益双赢。目前，该项目已再造建设用地106公顷，新增绿地140公顷，人工湖面积8公顷，建成多功能运动场、儿童乐园、小学、初中等配套设施，得到广大市民的赞赏与认可。

紫金山矿区建设前

紫金山矿区建设后

紫金湖雨水前置塘

紫金山远洋山水项目

南平市

城市特征

南平市位于福建省北部，属武夷山脉南麓，为典型山地河谷城市，具有"八山一水一分田"特征。2023年，中心城区总面积391平方公里，其中建成区面积44平方公里，常住人口34.6万。

南平市沿崇阳溪两边高中间低，形成"两山夹一川"的山水格局。城市排水条件较好，排涝方式以重力自排为主。

气候为亚热带季风气候，四季分明、雨水充沛，降雨时空分配不均，3～9月为雨季，降雨量约占全年80%，多年平均降雨量为1788毫米。

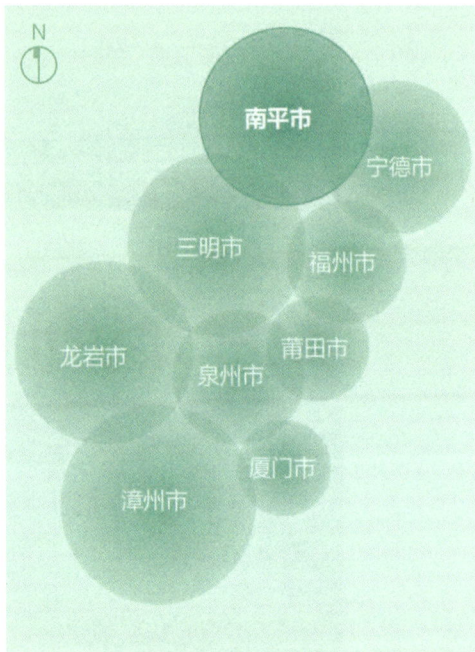

南平区位图

南平市地形地貌示意图

南平市地质构造复杂、岩体风化强烈，具有极易发生滑坡、崩塌、泥石流等地质灾害的地质条件；土壤以红壤土为主，整体入渗能力一般。

建设思路

雨量丰富，山洪入城风险高：中心城区范围存在7处山洪经汇流后进入城市的排水系统，汇入城区的山洪汇水分区面积约为5平方公里，此部分雨水进入排水系统后挤占原有排水空间，容易引发城市内涝灾害。

生态保护需求强烈：武夷山南麓位于南平市域，建设武夷山国家公园保护发展带需要全域推进海绵城市建设，保护区域自然生态系统。

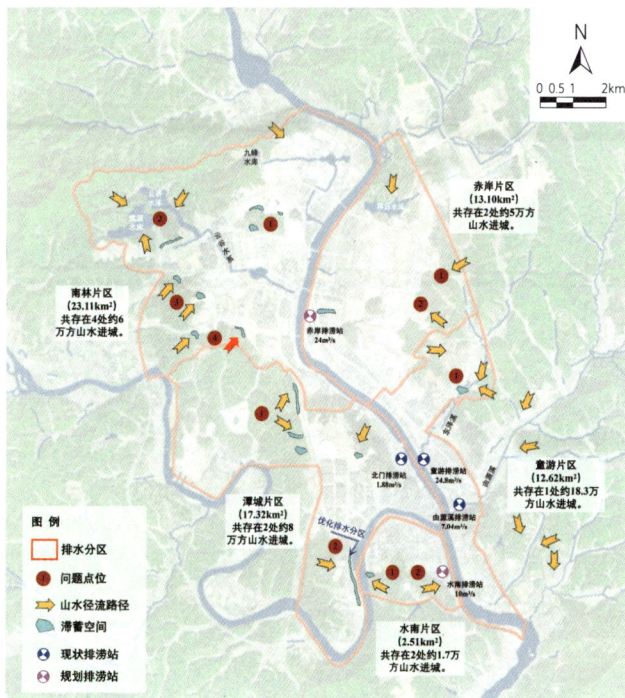

中心城区山水入城防治项目分布图

"四个无处"推进全域海绵城市建设：从源头抓起，做好小区、公建等建筑物的雨水断接，并采用海绵设施进行消纳，做到雨水无处不断、无处不渗；通过优化城市排水分区、实现片区与片区的大连通，地块与水体的小连通，充分利用山间洼地、滨河区域建设雨洪滞蓄空间，降低洪峰流量，提升城市水安全保障，实现雨洪无处不通、无处不错（峰）。

构建"上截—中蓄—下排—外防"排水体系：由高到低，通过山体滞蓄、防洪堤提升、蓄滞空间建设，优化城市外洪防治等措施，构建具有南平特色的"上截—中蓄—下排—外防"排水体系，妥善解决山水入城问题。

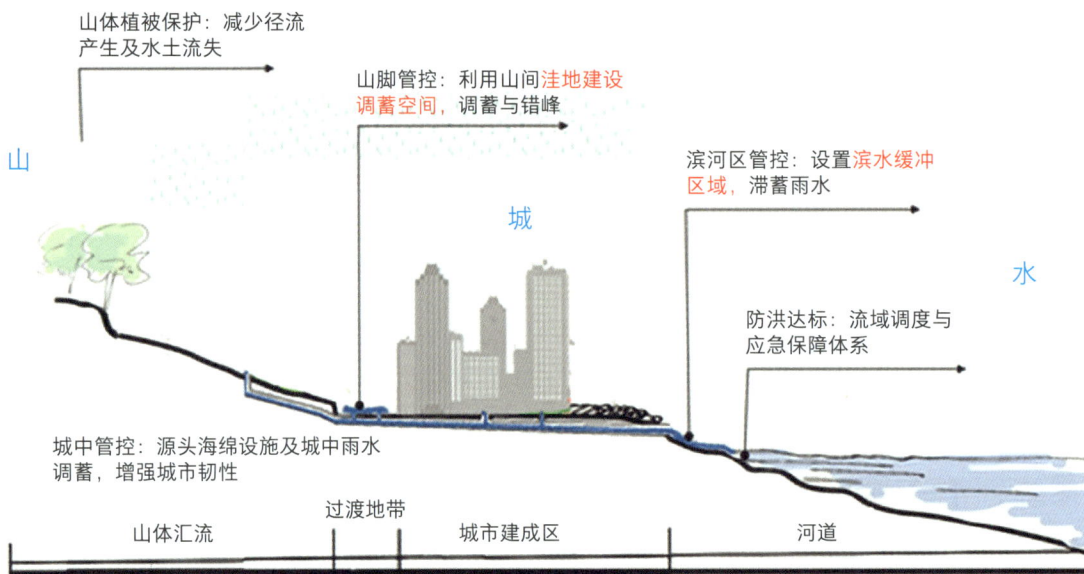

山体植被保护：减少径流产生及水土流失

山脚管控：利用山间洼地建设调蓄空间，调蓄与错峰

滨河区管控：设置滨水缓冲区域，滞蓄雨水

山

城

水

防洪达标：流域调度与应急保障体系

城中管控：源头海绵设施及城中雨水调蓄，增强城市韧性

山体汇流　　过渡地带　　城市建成区　　河道

"上截—中蓄—下排—外防"排水体系示意图

建设成效

城市更加宜居，群众获得感、幸福感显著提升。南平市认真贯彻习近平总书记强调的"要不断增强人民的幸福感、获得感和安全感"，优先解决与群众生产生活密切相关的问题，打造宜居城市，助力中国式现代化建设。在海绵城市建设中统筹城市绿地、地下管网（管廊）、老旧小区改造、完善居住社区功能等建设工作，在城市更新与新区建设中充分利用居住社区内的空地、荒地和拆违空地，增加公共绿地、袖珍公园等公共活动空间，完善城市生态基础设施体系，巩固景观休闲、防灾减灾等综合功

水之厅公园

第三实验学校

考亭古街

能，提升城市人居环境，提高人民群众的获得感、幸福感。

城市更有韧性，城市安全性、抗涝性显著提高。全市新老城区防洪标准达到50年/30年一遇，山洪防治标准达到30年一遇。通过设置雨水泵站、改造排水管网、加强排水管理等措施，实现易涝风险点的全面消除，中心城区内涝防治标准全面提升。通过洪涝统筹治理，实现"小雨不湿鞋、中雨不积水、大雨不内涝"，成功应对2023年"5·6"暴雨（118毫米/24小时），城市抗涝性显著提高；天然水域面积为20.38平方公里，占中心城区391平方公里的5.23%；可透水面积由2021年的19.88平方公里提升至22.46平方公里，占建成区面积（46.3平方公里）的48.51%。

城市更富绿色，生态修复性、功能性显著提质。南平市在花海公园、道路沿线等项目实施生态覆绿、补种植被，实现全市花化彩化，共提升改造180处，面积约3万亩；实施建阳区三江六岸水生态修复治理工程、后崇溪河道综合治理及生态修复工程、云谷水系上游黄土复绿等9项工程，有效实现"尘土不上天，黄土不入河"；南平市18个国控断面水质监测结果显示，其中17个常年达到Ⅱ类水，1个为Ⅲ类水，优良率100%。通过打造蓝绿灰融合的绿色生态海绵城市，南平市有效保护了山水林田湖等生态要素，城市生态功能显著提升。

领世郡下穿通道改造前（65毫米/小时，
2021.6.28）

领世郡下穿通道改造后（71毫米/小时，
2023.5.6）

花海公园（山洪滞蓄空间建设）改造前

花海公园（山洪滞蓄空间建设）改造后

云谷水系（清淤疏浚）改造前

云谷水系（清淤疏浚）改造后

南林公园

建平大道

市委党校

生态巡护绿道

崇阳溪生态步道

广元市

城市特征

广元市位于四川北部、秦岭南麓，是嘉陵江入川第一城，属于长江上游城市。2023年，城市建成区面积约72平方公里，城区人口56万，多年平均降雨量为917毫米。

广元市是典型的西南地区山地河谷型城市，主城区天曌山、黑石坡、南山、牛头山环抱，嘉陵江、南河、白龙江、清江河穿城而过，形成"四山四水抱一城"的格局。

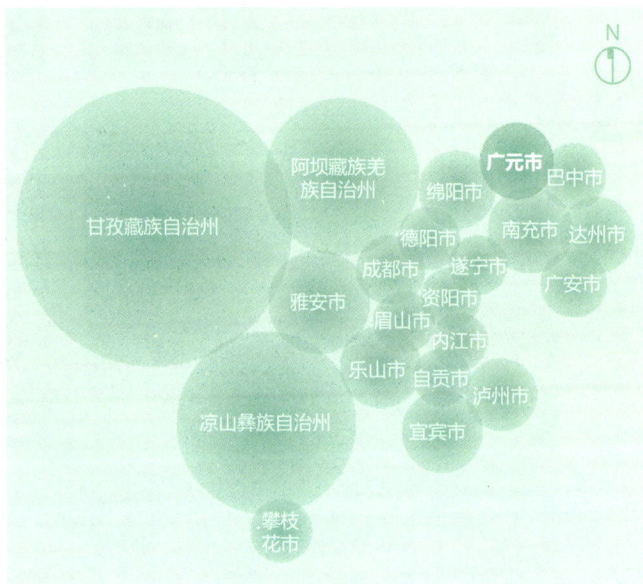

广元区位图

广元市地形地貌示意图

广元市主城区建设年代较早，城市空间相对狭窄，排水等基础设施老化，存在公共空间少、硬化面积大、人居品质低、下穿易积水等问题。

建设思路

针对基础设施薄弱、人居环境有待提升问题，广元市在城市改造更新中有机融入海绵城市理念，重点从"居住小区和公共空间改造提升、基础设施更新完善、防洪排涝能力增强"三方面着手推进。

人居环境品质提升：因地制宜改造老旧小区89个，市政道路48条，口袋公园4个，新增透水铺装约53万平方米，开展两江四岸、利州广场等重要节点海绵化更新改造，通过自然生态措施改善小区内和城市公共空间的环境品质。

基础设施更新完善：完成城区现状725公里排水管网排查检测，逐步开展2.75万处缺陷点和2725处雨污混错接的修复改造。老旧小区和市政道路改造过程中同步完成雨污分流改造，进一步完善城市排水基础设施。

广元市海绵设施布局图

防洪排涝能力增强：实施韩家沟等8条山洪沟整治，梯级建设解家岩、百草园、如意湖等调蓄空间，完成老鹰嘴大桥下穿等8处内涝积水点治理，城区内涝防治标准基本达到30年一遇（216毫米/24小时）。

建设成效

城市面貌焕新，人民群众获得感显著提高。统筹整合老旧小区改造、燃气、污水等7类资金，按照"同步招标、同步进场、同类减量"原则，对小区内进行一次开挖和回填，减少项目实施对居民生活影响，尽可能增加停车位和公共活动空间。修复破损市政道路人行道，增加慢行绿道，实现"小雨不湿鞋"。建成百草园、南河湿地公园等一批可供群众日常休闲的蓝绿空间和游憩公园，人民群众对海绵城市建设满意度达99%。

积极探索"海绵+更新"建设模式，嘉陵片区海绵化改造坚持山水城水共治与协同城市更新。

山水城水共治方面，分散排放上游山洪削减山水入城，实施片区清污分流和内涝点治理以降低内涝风险，增设滨江湿地进一步减少入江面源污染，片区内

实验小学改造前（操场雨天易积水）

实验小学改造后

百草园生态修复项目

涝防治标准达30年一遇（216毫米/24小时），嘉陵江水质保持地表水Ⅱ类。

协同城市更新方面，增加桥头公园等5处开敞活动空间，完成沿线1.3公里城市界面改造和夜景照明升级，形成片区"居民活动功能带"和"滨江亲水休闲带"，激发滨水生态经济活力，片区商户入住率提升约12%。

沿江净化湿地

嘉陵片区改造前

嘉陵片区改造后

拉萨市

城市特征

拉萨市位于青藏高原腹地，平均海拔3650米，是世界上海拔最高的城市之一。2023年，拉萨市城区人口约58万，城市建成区面积约92平方公里。拉萨市是典型的高原河谷带状组团城市，具有"群山围城、江河穿城、洪沟环城、渠系贯城、湿地养城"的地理特征。

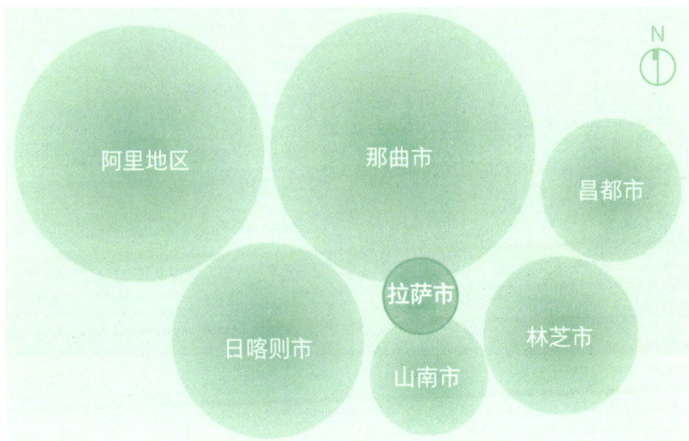

拉萨区位图

作为雅鲁藏布江流域上游区域，拉萨市水源涵养功能极为重要，城区拉萨河及其主要支流水质要求达到Ⅱ类或Ⅲ类水质标准。

拉萨市属于高原温带半干旱季风气候，近30年年均降雨量约为470毫

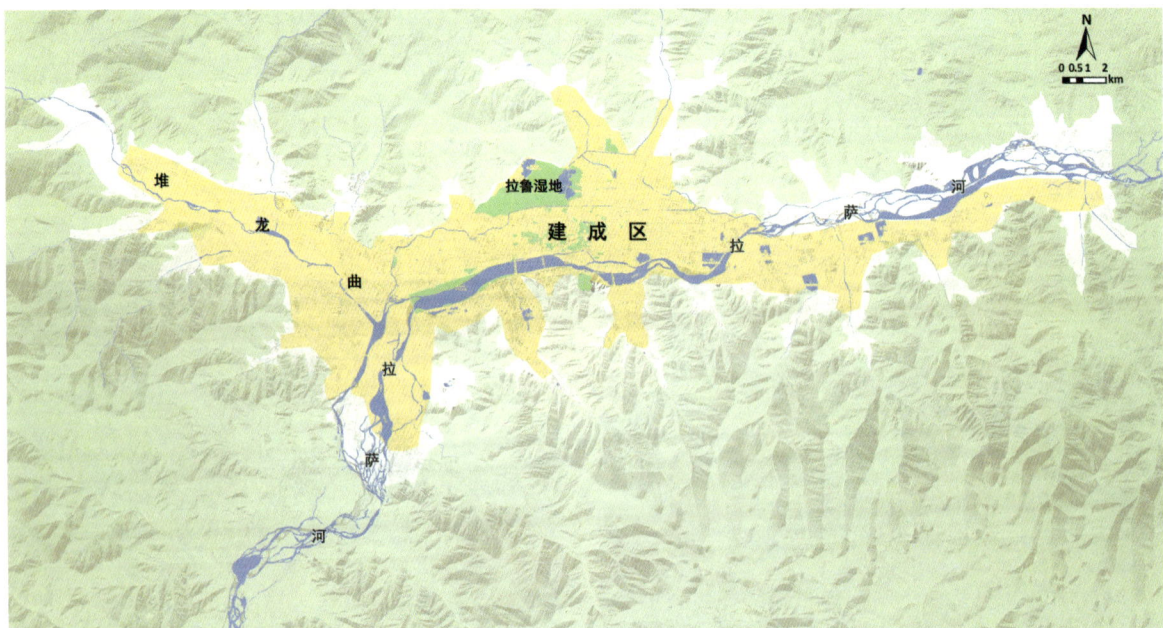

拉萨市城区地形地貌示意图

米，年均蒸发量为1366毫米，是降雨量的近3倍。拉萨降雨以小雨居多，受强对流天气影响，夏季局部地区易发生短时强降雨；城区土壤松散易渗，为建设海绵城市提供了有利条件。

受高海拔地区自然条件影响，拉萨市生态系统敏感脆弱，中心城区周边山体覆盖土层较浅，植被生长困难，水土流失区域面积较大。城区周边山洪沟发育，流经市区后汇入拉萨河，山丘区坡高谷深起伏大，导致产汇流快、流速大、突发性强。

建设思路

以流域为单元，加强拉萨市城区周边山体生态保护修复，构建城区山洪沟防治体系，有效提升城区及周边水源涵养能力和应对山洪安全韧性。

统筹推进拉萨市城市水土保持工程，通过滩地修复、植被恢复、沙化治理、水系生态治理、湿地保护与修复、小流域综合治理等措施，构建拉萨河生态屏障，改善流域内沿河生态环境，结合建设拉萨河城市生态节点工程，展示高原滨水文化。

通过适地宜种、增灌护坡等措施，构建高原河谷城市生态海绵屏障。

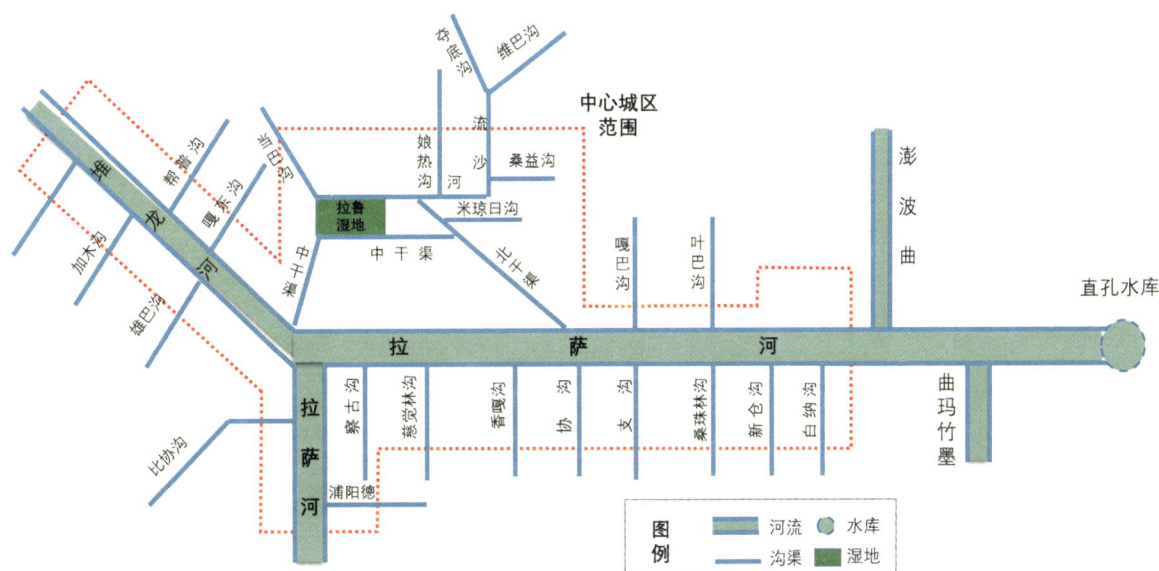

拉萨市城区周边山洪沟及其流域范围

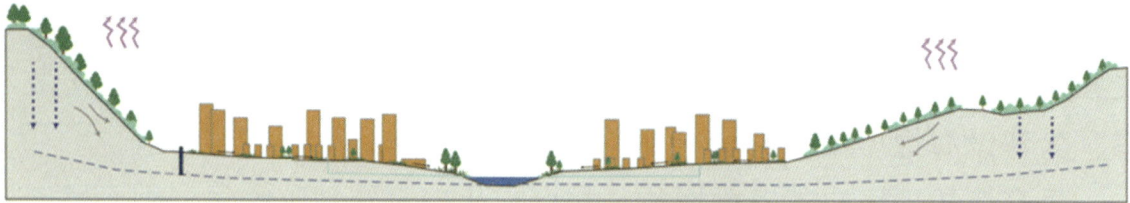

拉萨市城区生态海绵屏障构建示意图

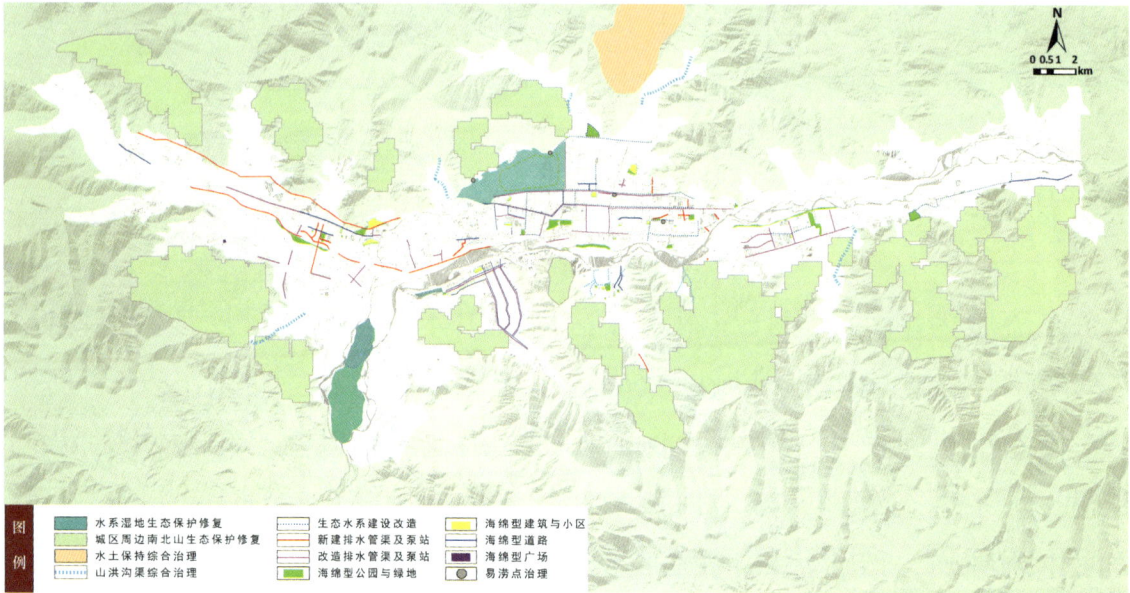

图例

水系湿地生态保护修复　　生态水系建设改造　　海绵型建筑与小区
城区周边南北山生态保护修复　新建排水管渠及泵站　海绵型道路
水土保持综合治理　　　　改造排水管渠及泵站　海绵型广场
山洪沟渠综合治理　　　　海绵型公园与绿地　　易涝点治理

拉萨市海绵城市建设项目分布图

选择本地特色树种开展植树造林，提升区域水源涵养能力，滞蓄净化雨水，减少泥土冲刷入城，增强城区防洪能力和水生态环境保护功能。

建设成效

依山就势综合采取"拦、分、蓄、滞、排"等措施对山洪沟实施生态治理，通过造林绿化、优化自然水系冲沟脉络、设置拦蓄沉淀设施、增加滞蓄洪空间和疏通雨洪排放通道等措施，构建蓝绿灰设施融合的山洪防治体系。

在确保防洪安全、提升韧性的同时兼顾自然景观效果，此外，注重与保护修复水生态、打造宜居环境和融合水文化相结合，让群众更好地与水为伴。

通过实施拉鲁湿地保护工程，湿地的水源涵养能力得到显著提高，土地沙化现象得到有效控制，生态系统的整体功能得到极大恢复和增强，更好地发挥了拉鲁湿地生态效益和社会效益。

拉萨市南北山绿化工程

拉萨市城区恰加拉沟生态海绵化治理工程

将娘热沟、夺底沟山洪水引入拉鲁湿地后,有效地消除了洪水对城区的威胁,并可对低水位期地下水进行有效补充。经拉鲁湿地净化后的出水水质基本达到国家《地表水环境质量标准》GB 3838—2002中Ⅱ类水质标准。

拉鲁湿地蓄水防洪功能示意图

通过新开河道水系,因地制宜恢复历史填埋、封盖的天然水系沟渠,新建暗涵等措施,增加城区雨水径流排放路径;通过水系连通、河道清淤、渠道拓宽等措施,增强水体的畅通性和流动性,为水留空间、留出路,缓解城区气候干燥问题。

文创园区云天胡公园建设前照片

文创园区云天湖公园建设后照片

城市特征

延安市位于黄河中游，陕西省北部，属黄土高原丘陵沟壑区，中国革命圣地。其地处黄土地质灾害高易发区，湿陷性黄土广泛分布，多年平均降雨量为546毫米。

延安是典型的西北地区山地河谷城市，主城区沿河谷地带呈"Y"字型展开，形成"三山对峙、两水绕城"的格局。城市排涝方式以重力自排为主。2023年，中心城区建成区面积约67平方公里，人口数量约41万。

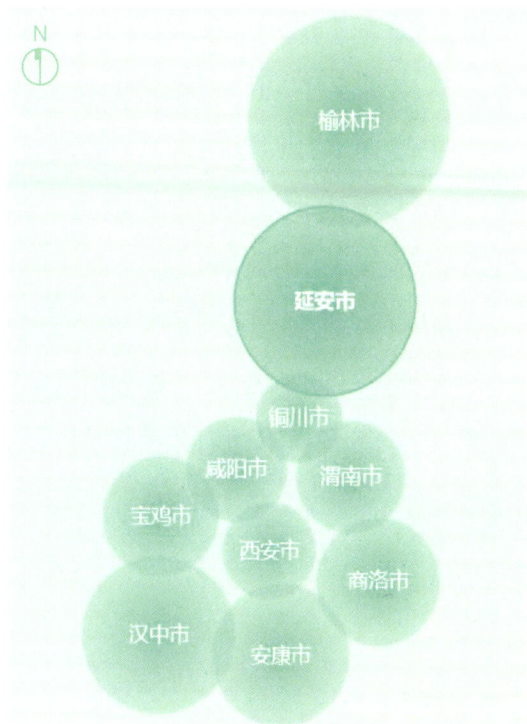

延安区位图

延安市地形地貌示意图

建设思路

延安城区山地和城市间的衔接以陡坡为主，地形坡度较大，独立的山洪排放通道建设滞后，未收集的山洪将快速下泄进入城区。同时，受土质疏松、植被稀疏、地形多变、雨水侵蚀性强等因素影响，水土保持能力差，水土流失严重，山洪下山裹挟大量泥沙。此外，山体沟道内部空间狭窄，配套基础设施建设不完善，雨污合流，居住环境较差；自建房密度大，绿化率极低，雨水流量大，地形陡峭，雨水收集系统缺失，导致雨水无组织排放，影响居民出行。

加强生态修复、保水固土，完善山洪行泄通道。采取林草、工程、耕作三大水土保持措施，构建北部丘陵沟壑区小流域单元山水田林草路综合治理，南部塬区保塬固沟田林路池埂综合布设的治理模式，形成完善的拦

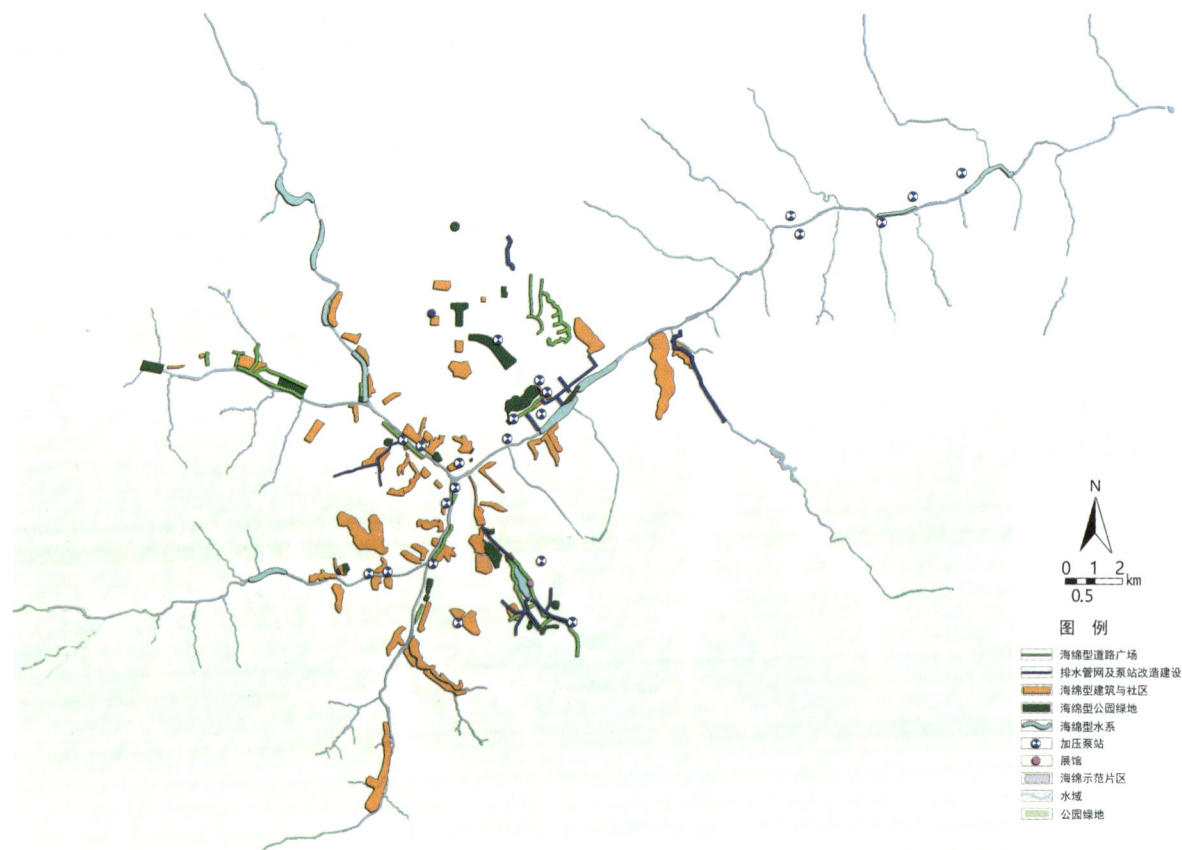

延安市海绵项目布局图

蓄泥沙、保水固土体系。在此基础上，优化山洪导排系统，构建山体截洪沟、导流堤等工程，恢复雨水自然行泄功能，高水高排，独立入河，减少山洪入城影响。实施长青路、大砭沟、薛场等14处山体修复项目。

补齐设施短板，房前屋后见缝插绿。坚持"因地制宜、灰绿结合、雨污分流、成本控制"原则，以小流域为基础，采取固沟保水、顺畅排水、减污治水、源头控水等措施，系统治理并统筹推进，提升蓝绿空间，实施34个人居环境提升项目。

强化新区源头管控，蓄滞雨洪缓排下山。延安新区按照海绵城市理念高标准建设，新建建筑小区、市政道路，全面落实海绵城市建设要求，并利用优质蓝绿空间收纳客水、蓄滞雨洪、利用雨水，有效控制雨洪下山。

建设成效

延续水土流失和生态修复高标准治理措施，示范期间已实施黄蒿洼麻塔、高新区东片区、薛场等5处山体生态修复并重构山洪导排系统，治理面积共计5.51平方公里，城市生态环境显著提升，水土流失面积和入黄河泥沙总量双减少，促进山水人城融合互动，初步探索出了黄土高原生态脆弱地区海绵城市建设路径。

宝塔山生态修复和水土流失治理前

宝塔山生态修复和水土流失治理后

通过对山体沟道、老旧小区进行海绵化改造，形成科学、完整、可靠的水治理链条，减少了洪涝风险、泥水下山和污水直排，城市人居环境改善效果显著，示范期间已完成17条山体沟道和8个老旧小区海绵化改造，新增收集污水约2万吨/日，沟道居民的居住环境和安全性得到有效改善，惠及人口约14.2万。

延园小区海绵化改造前

延园小区海绵化改造后

平凉市

城市特征

平凉市位于甘肃省东部，2024年，中心城区建成区面积42.4平方公里，人口数量49.42万，多年平均降雨量512毫米，蒸发量1265毫米以上。

平凉中心城区是典型的西北缺水地区河谷城市形态，呈"两塬夹一川"特点，泾河干流穿城而过，南北塬包夹城区。南高北低、西高东低，排水条件较好，排涝方式以重力自排为主。

中心城区存在如下三方面问题：一是河道、沟渠生态性不佳，河岸硬化过度，周边水土流失问题尚存。二是水资源缺乏，城市用水效率不高。三是城市防洪排涝系统不完善，泾河干流少量河段未达到50年一遇防洪标

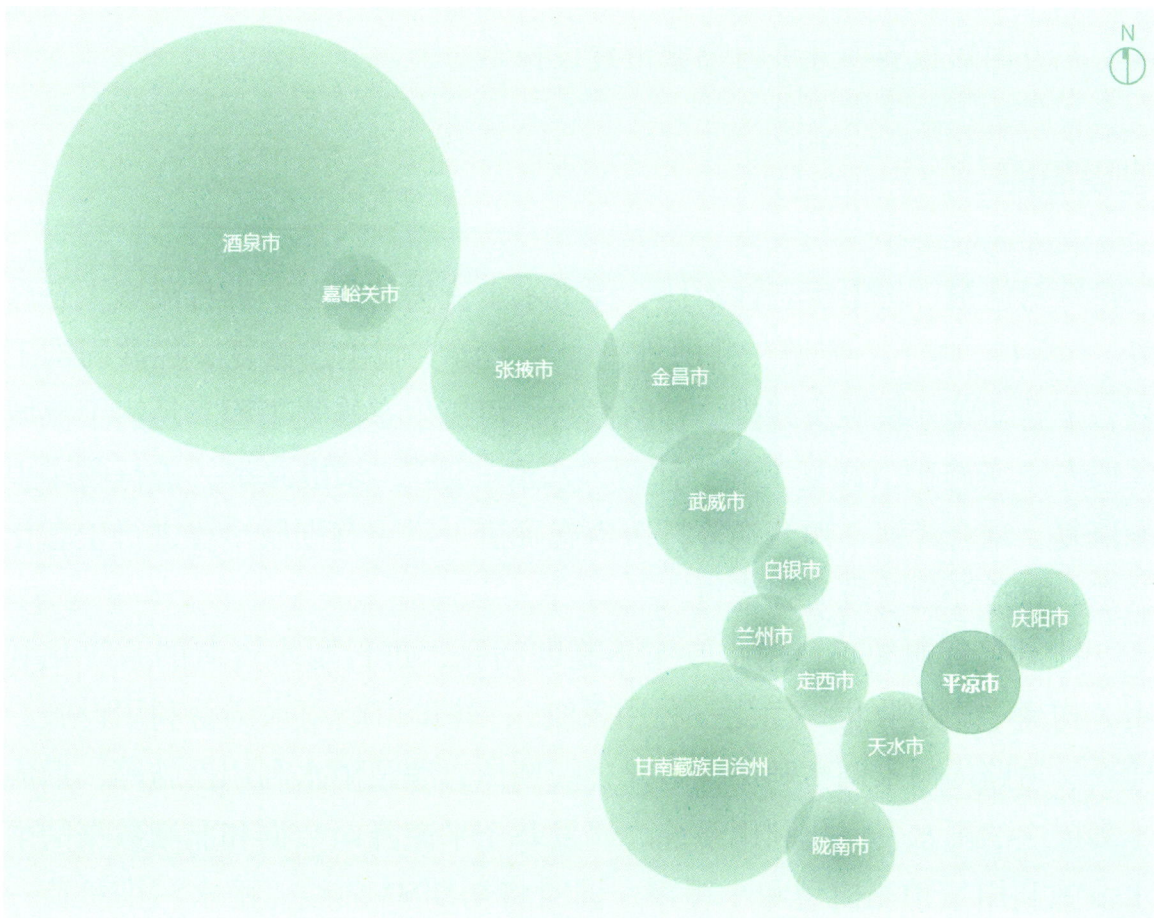

平凉区位图

平凉市中心城区建成区地形地貌示意图

准；城市管网排水能力不足，原有约49%管段不满足1年一遇标准。针对以上三方面短板弱项开展海绵城市建设探索。

建设思路

针对河道、沟渠生态性不佳、周边水土流失的问题，进行流域生态修复，"塬上、塬下、流域"共同推进。对上游实施生态修复、拦沙固沟工程；下游实施地块源头减排、管网截污、河道生态修复工程。泾河干流城区段左岸实施矿山修复工程；针对"八沟一河"，多措并举，进行两岸生态修复，结合泾河、鸭儿沟等打造生态廊道。对原有硬质岸线进行生态化改造，打造泾河流域海绵廊道。

针对水资源缺乏、用水效率不高的问题，进行雨水资源的系统化利用。构建"雨水收集—净化—利用系统"，建设市政雨水调蓄利用设施，地块、道路内雨水调蓄利用设施，公园湖体自净及雨水利用设施等，形成了多层次的雨水资源化利用系统。研发基于平凉降雨数据和监测数据的雨水设施利用量预测模型和小程序，同时将初期MV曲线（雨水污染负荷—径流量曲线）纳入本地相关设计导则中。实现雨水替代地下水，用于绿化浇洒，年雨水资源化利用量超20万立方米/年。

针对城市防洪排涝系统不完善的问题，构建"泾河为干、多沟汇流"的防洪排涝体系。实施泾河、甘沟、鸭儿沟、水桥沟等水系综合治理；计划新建、改造雨水管网44公里，降低"一年一遇"重现期管段比例；实施"一点一策"系统内涝治理，消除积水隐患点；排查并修复老旧雨水管网47公里以上，消除在湿陷性黄土地区容易产生的路面塌陷、管网破损等排水隐患。

平凉市海绵城市建设总体格局图

建设成效

流域生态性提升。对上游实施北部面山修复工程，对"八沟一河"进行系统提升改造，实施泾河干流综合治理，鸭儿沟、甘沟等流域生态修复、拦沙固沟项目，下游结合地块实施源头减排、管网截污等工程，实现生态修复124公顷，打造泾河生态廊道11.25公里，新增生态岸线23公里，有效增强流域生态韧性。

城市整体风貌改善。对原有坑塘荒地、岸边淤泥堆放地、废弃边角地、建筑基坑等缺乏生态性的空间进行改造，打造了龙隐多功能蓄渗公园、泾河生态文化园、甘霖园、活力公园等城市街头口袋公园系统，包含大型公园广场10处，街头口袋公园36处。不仅能够在降雨期间起到削峰调蓄、削减径流污染和雨水综合的作用，还可成为"城市绿色小客厅"。

雨水资源化利用能力显著提升。结合河道、湖体、公园、道路、地块等，实施了河湖水系、生态空间治理修复、雨洪调蓄利用等海绵城市建设项目7个，市政调蓄设施19处，地块、道路内调蓄设施27处，雨水调蓄利用设施总容积达到7万立方米。年雨水资源利用量达到20万立方米以上。

| 泾河干流综合治理项目（一期）建设前 | 泾河干流综合治理项目（一期）建设后 |

平凉市自2011年开始，持续对泾河干流进行综合治理。在治理前，35公里泾河干流城区段内，砂场共18家，砂丘林立、垃圾成山。经过多年的综合治理后，泾河干流河道内恢复了生机，波光粼粼、水鸟翩跹，水质提升至Ⅲ类以上，形成贯穿平凉城区的海绵绿廊

龙隐多功能蓄渗生态公园建设项目

结合片区坑塘荒地修复，系统谋划面山防洪、生态修复、雨水利用、休闲游憩、文化宣传展示五位一体的多功能生态综合项目

韧性安全的防洪排涝主干体系，对原有城市雨水管网、排水设施、人行道地砖进行病害修复和提标改造。共消除易涝积水点24处，中心城区达到50年一遇（133毫米/24小时）的防洪标准、20年一遇（110毫米/24小时）的排涝标准。

体育运动公园建设项目
全面融合海绵城市建设理念，30公顷范围内雨水全收集利用

世纪花园B区（建筑小区）海绵城市改造项目
实现全地表水排水，利用线性排水沟、植草沟、雨水花园等，串联出地表水排水路径，最终排入泾河大道雨水调蓄池利用

新科小区（建筑小区）海绵城市改造项目改造前

新科小区（建筑小区）海绵城市改造项目改造后
平凉市结合老旧小区海绵化改造，共设置雨水花箱约4000处，总收集容积约2500立方米，年雨水收集、利用量约达3万立方米

新河湾B区（建筑小区）雨水资源化利用项目
平凉市结合地形满足自然排水条件的地块，开展雨水地表排水实践。约38公顷居住片区实现全地表排水、收集利用

东湖公园改造项目
湖体自净及雨水资源化利用系统，采用超磁工艺，进行湖体自净，并收集、调蓄降雨，实现雨水净化、回用

消防大队易涝积水点整治前

消防大队易涝积水点整治后
2021年8月31日，降雨量126毫米，产生了较大积水，影响道路通行；经过增加矩形槽钢拦水槽、优化路面竖向、设置内涝监测设备等系统化治理，2024年7月20～21日，24小时降雨量118毫米［超过20年一遇降雨标准（110毫米/24小时）］，地面无内涝积水

泾河大道改造项目
结合两侧绿带，建设透水铺装、雨水花园、透水跑道等设施，扩大雨水管道管径，提升其排涝标准

泾河干流综合治理项目（一期）

对泾河两侧防洪堤进行了加高、加固，对河道内部进行清淤疏浚，对两侧滩涂进行治理

城市特征

　　天水市位于甘肃省东南部，地处陕、甘两省交界渭河河谷地带，中心城区建成区约60平方公里，常住人口65万，土壤渗透性一般，多年平均降雨量为502毫米，降雨主要分布在6~9月，占全年降雨量62%，平均蒸发量为1338毫米，蒸发量远大于降雨量。

　　主城区形状呈东西狭长南北窄的条状形态，地势西高东低，山高河低，东西长约35公里，坡度约千分之六，南北宽约1.5~4公里，具有典型的"两山夹一川"的丘陵河谷地貌特点。

　　天然水系排水条件较好，东西向以藉河、渭河两大水系划分南北城

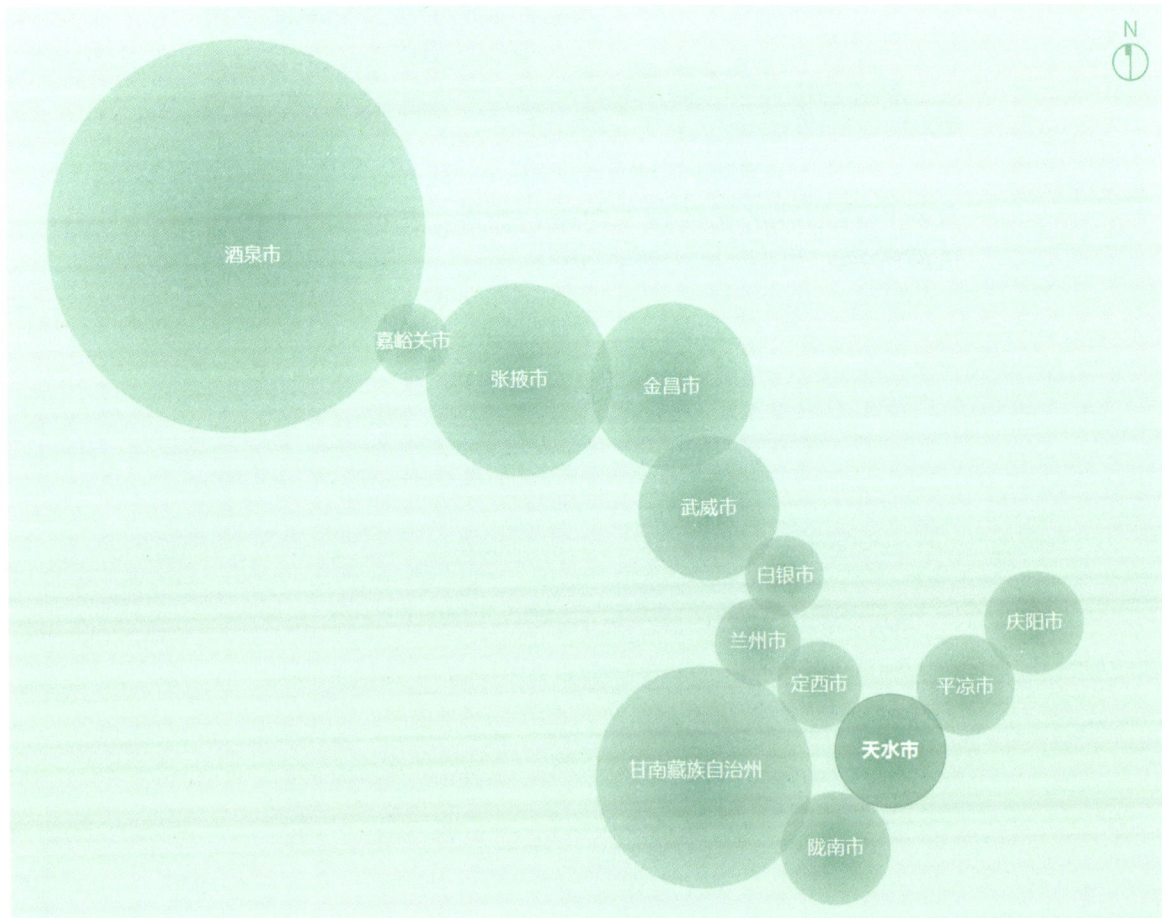

天水区位图

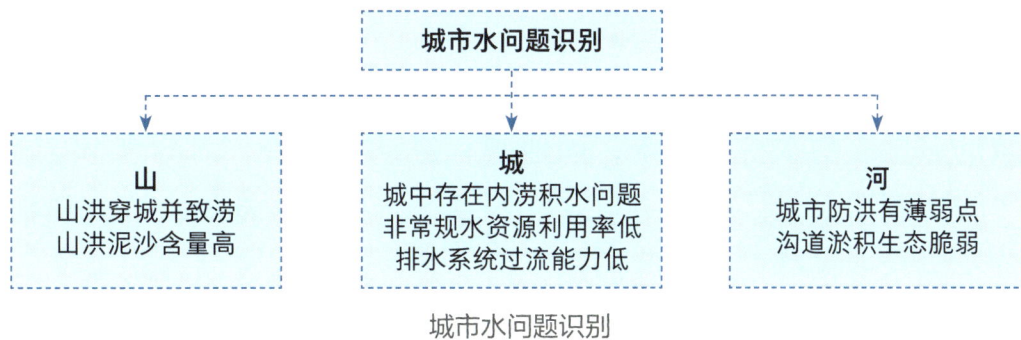

城市水问题识别

山	城	河
山洪穿城并致涝 山洪泥沙含量高	城中存在内涝积水问题 非常规水资源利用率低 排水系统过流能力低	城市防洪有薄弱点 沟道淤积生态脆弱

城市水问题识别

图例

〜 河流

▇ 城区

天水市城市地形地貌图

区，南北向山体间天然沟道众多，形成各自独立的排水分区，排涝方式主要以重力自排为主。

建设思路

山：水土得保持，生态有缓冲，山水有序排。山顶和陡坡地种植防护林，缓坡地种植经济林，防止水土流失，沟谷内地培育水保林实现消能拒沙的目标；山与城接合地带，因地制宜设置沉砂池与截洪沟，导流洪水有组织排放。

城：径流自源控，安全有保障，资源得利用。系统梳理城市排水系统，强化源头减排，按照规划严格落实海绵城市建设理念与控制指标，利用自然滞留和渗透功能，降低对雨水管渠的冲击；聚焦内涝防治，深入排查内涝成因，以生态措施与工程措施相融合，完成内涝"一点一策"整治，加强源头与过程控制，蓄排并举畅通行泄通道，形成应对小雨、大雨、超标雨水的多层次雨水排放系统；因地制宜建设生态塘、调蓄池等设施，多管齐下收集利用雨水；建设再生水回用系统，提高非常规水资源利用率。

河：洪水通畅排，生态廊道建，担上游责任。完善城市防洪设施达标建设，河段满足防洪标准；采用"刚柔并进"的理念，兼顾生态修复，沿岸建设生态廊道，提升水体生态功能，打造出水草丰美的"安全、生态、自然、亲水、文化、魅力"生态天水。

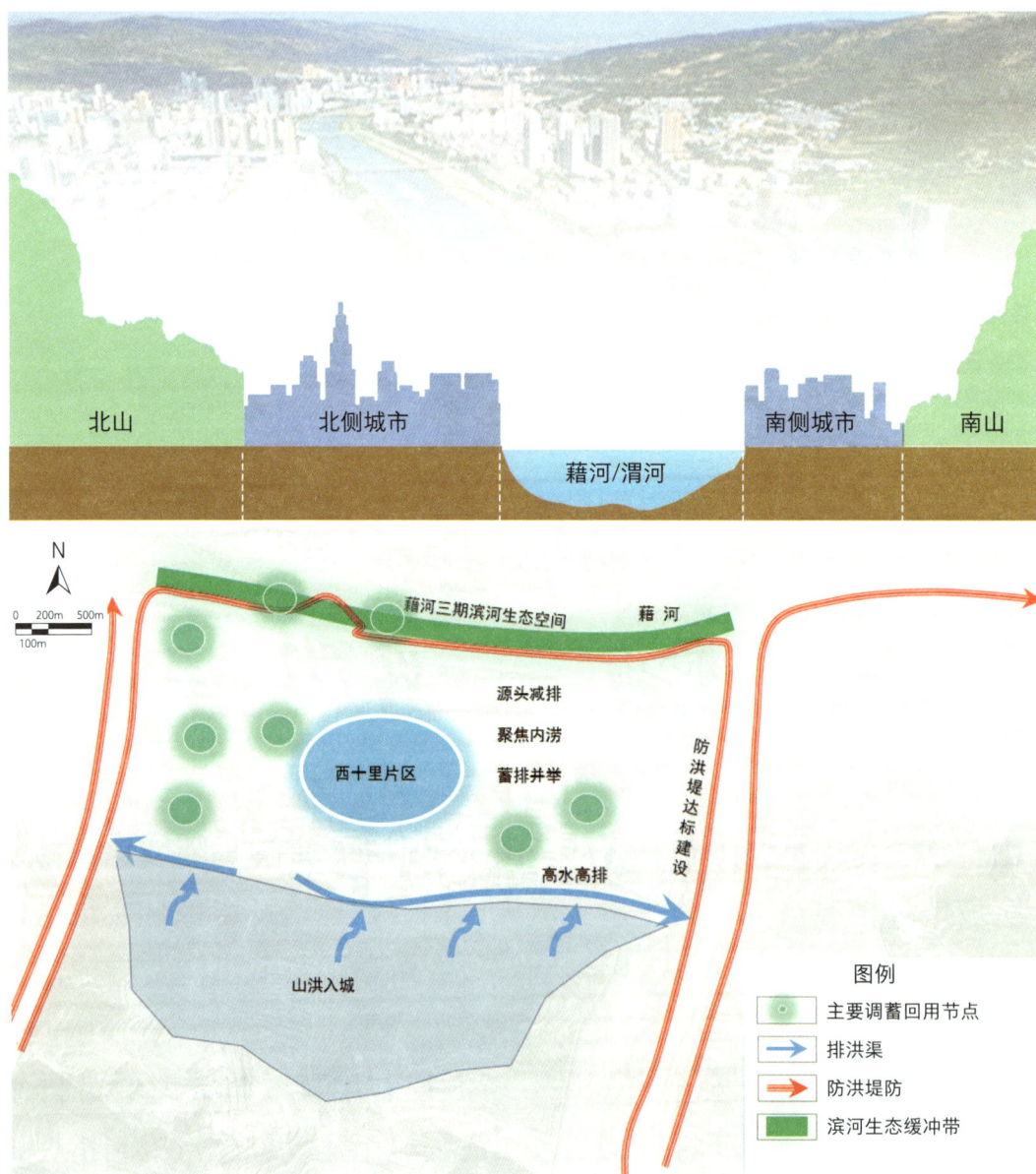

"山、城、河"立体海绵技术体系模块化拆解应用

建设成效

山体水土保持实施前

山体水土保持实施后

海绵城市立体统筹技术体系贯彻到位，黄土高原地区水土保持成效显著，入河水逐渐褪去浑浊而澄澈清明

城内系统设置多级海绵设施协同控制雨水径流

城内内涝积水问题得到有效解决，构建出"绿、灰、蓝"耦合的多层次城市绿色排水系统，为市民增加了更美观的绿意空间，城市内河再无返黑返臭情况

藉河生态环境综合治理三期工程建设前

藉河生态环境综合治理三期工程建设后

一池清水入画来，碧水清流润民心，绘制出一幅"河畅、水清、岸绿、景美、人和"的全新海绵生态图景，重现天水"西北小江南"

曾经干渴的天水大地，因海绵城市建设使水资源短缺问题得到了极大缓解，仿若久旱逢甘霖后的复苏

污水再生利用：用于城市生态景观补水

海绵设施：雨水花园降雨时渗滞、净化雨水

老旧小区海绵化改造：屋面雨水收集与利用装置

遍布城区的分散式雨水资源储蓄利用设施，既涵养了地下水，又大幅提高了城市非常规水资源利用水平

200厚40～60mm卵石层
600厚2～25mm级配砂石、碎石
350厚25～30mm砾石、碎石
DN200 PE盲管
防渗土工布≥1000g/m²
素土夯实，密实度≥93%

单段渗透段长度15m

生态治理段　渗水渠　渗水渠　生态治理段

引入南山雨水涵养地下水源

实施西北缺水地区地下水源涵养技术示范实践，对原来土渠进行生态改造，通过引入南山雨水，逐步净化、集蓄、渗透、涵养地下水源，拓宽城市雨水资源利用用途

在海绵城市建设的助力下，城市人居环境得到了大幅品质提升，华夏历史名城天水正焕发出新的活力

藉河二期污水再生补水

市民透水健身步道

景观相结合的海绵雨洪调蓄湖体

城区边角零碎地改造前

城区边角零碎地改造后

见缝插针打造海绵休闲健体广场

将原来城市集中区的边角零碎地块进行见缝插针式的城市微空间改造，居民休闲娱乐空间得到大幅增加

银川市

城市特征

银川市位于宁夏回族自治区北部，西靠贺兰山，东侧黄河由南向北穿境而过，形成"西山—中城—东水"的山水格局。属中温带干旱区，雨雪稀少，多年平均降雨量约195毫米，属重度缺水型城市。2023年，中心城区建成区面积约196平方公里，城区人口数量约154万。

城区地处宁夏平原，整体地势平缓，土壤渗透性良好。湖泊湿地众多，城市排水条件较好，排涝方式以重力自排为主，排水体制以合流制为主。

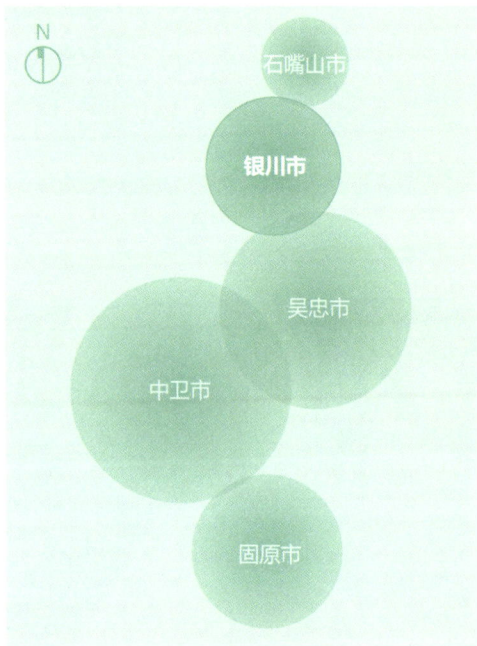

银川区位图

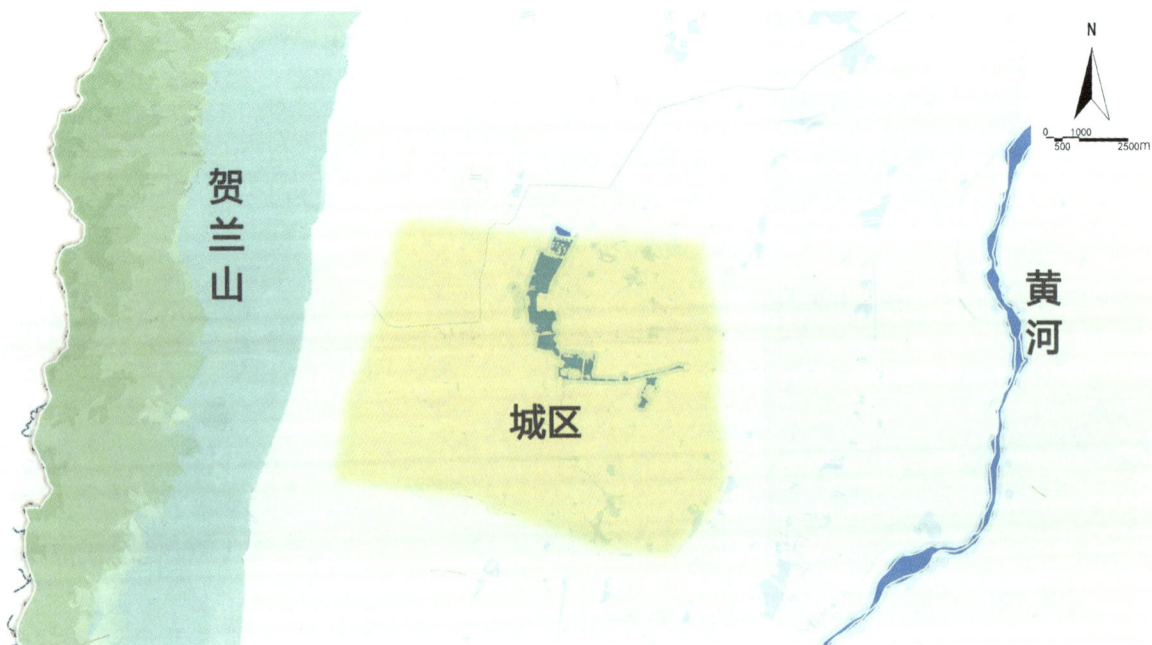

银川市地形地貌示意图

建设思路

　　银川市位于黄河上游，为保障黄河水质，部分溢流排口开启受限，导致雨天管网排水不畅，低洼区域积水内涝；且本地水资源短缺，主要依赖黄河水，非常规水资源利用不足。通过开展海绵城市建设，构建健康水循环系统，提升城市防洪排涝能力，有效控制合流制溢流污染和城市面源污

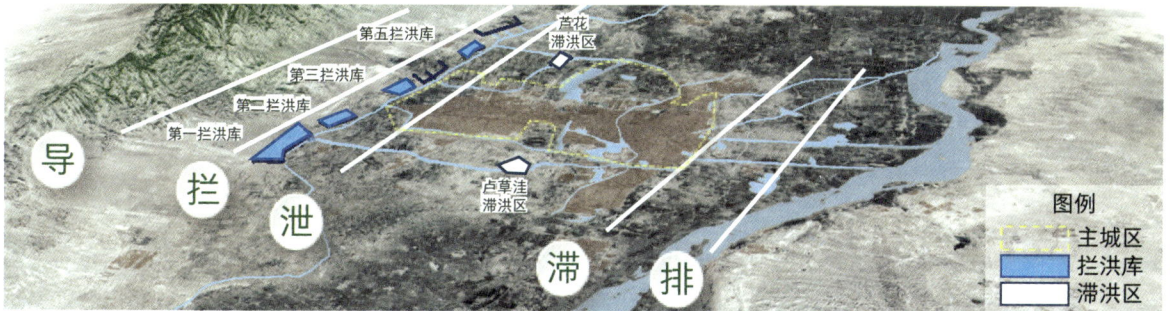

银川市海绵设施总体格局图

银川市海绵设施布局图

染，充分利用雨水资源，以点带面助推黄河流域生态保护和高质量发展。

一是污涝同治，聚焦城市水环境质量提升。建设海绵设施、水系湿地等控制城市面源污染，同时通过雨污分流改造、管网问题修复、调蓄设施建设有效控制合流制溢流污染，保障入黄水质稳定达到地表水Ⅳ类标准。

二是因地制宜，促进干旱地区非常规水资源利用。聚焦雨水利用，通过"蓝绿灰"设施有机融合，最大程度的将水留下来，用起来，用非常规水替代黄河水资源，打造"国家节水型城市"。

建设成效

污涝问题有效控制。通过海绵城市建设，增加雨水蓄滞，减少地表径流，有效控制合流制溢流污染，2023年降雨30次，单日最大降雨量14毫米，排口溢流次数为0次。同时净化雨水，削减面源污染，城市生态环境得到改善。

落实"海绵+"理念，人居环境显著改善。结合城市更新改造工作，优先建设源头绿色项目，提升片区生态景观效果，增加市民休闲游憩的生态空间，营造和谐舒适的人居环境，打造山水相融、生态引领的"塞上湖城"。

雨水资源收集利用量显著提升。项目建设优先考虑利用本地湖体多的特征，将净化后的雨水排入周边水系，调蓄的同时为水系补水。鼓励和引导公园绿地、建筑小区等建设项目中增加雨水罐、雨水模块等回用设施，最大程度地将水留下来、用起来。银川市雨水、再生水等非常规水资源利用量大幅提升。

溢流污染治理前四二干沟

溢流污染治理后四二干沟

金波南街与济民东路交叉口西南侧

金波街三污厂前冒溢积水点治理前
（累计降雨量26毫米，2020.8.11）

金波街三污厂前冒溢积水点治理后
（累计降雨量24毫米，2024.9.15）

雨水花箱

溢流井

下沉式绿地

大河数控厂区建设前

大河数控厂区建设后

大团结小微公园建设前

大团结小微公园建设后1

大团结小微公园建设后2

罗家湖公园调蓄湖体　　　　　智能截污井　　　　　雨水花园

罗家湖公园建设项目，周边道路及地块雨水通过初雨弃流池、智能截污井以及植草沟等绿地设施净化后排入公园湖体，作为生态补水，并在雨后抽取用于园林浇洒

校园雨水花箱　　　　　　　　小区居民使用雨水打扫卫生

文沁园小区、四十二中学等源头建设项目均设置雨水花箱、雨水罐等雨水回用设施。物业、居民使用雨水清扫地面和浇灌植被

公园雨水浇洒设施　　　　　　公园雨水浇洒节水设施

凤凰北街带状公园等小微公园建设雨水模块和雨水浇灌系统，雨后使用雨水完成绿地浇洒

05

北方平原
城市

城市特征

唐山市位于河北省东部，南临渤海，北依燕山，与京津毗邻，是连接华北、东北地区的咽喉要地和走廊，市域面积1.4万平方公里，2022年，建成区面积231平方公里。

唐山市属于大型城市，常住城镇人口176万。多年平均降雨量为592毫米，降雨时间分布差异显著，7~8月降雨量占全年降雨总量的50%以上。

唐山市属于华北地区平原城市，北部有山区水库拦蓄，城区外围有水系分洪，因此中心城区受外洪影响较小，形成了"上蓄、中疏、下泄"的城市防洪排涝总体布局。

唐山区位图

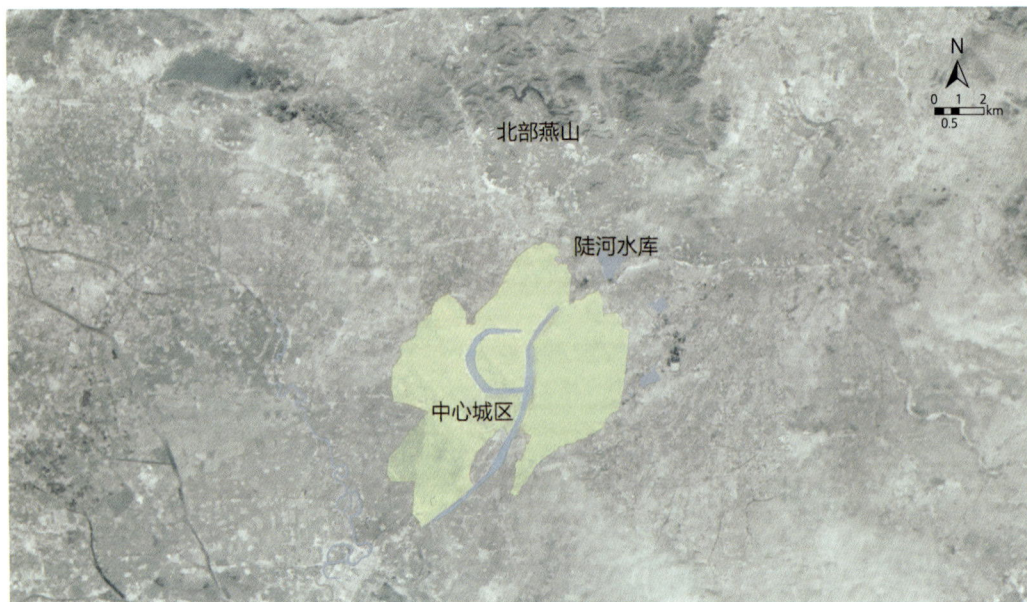

唐山市地形地貌示意图

唐山市中心城区主要的水系为环城水系，多为人工开挖河道，主要作用为缓解城市排涝压力。

建设思路

唐山市属于极度缺水城市，河道生态用水不足，且降雨时河道流速较大，导致城区内出现积水现象。建成区内存在采煤沉陷区，昔日采煤沉陷区垃圾堆积、污水横流、"散乱污"丛生，是唐山市内的"龙须沟"，破坏城市环境和形象。基于上述问题，实施以下两类治理方案。

防洪排涝能力提升：提升南湖蓄排能力，升级改造雨水管渠，全面推行海绵设施，建设协调联动的城市防汛指挥调度体系，使城区达到50年一遇（194毫米/24小时）的内涝防治标准要求。

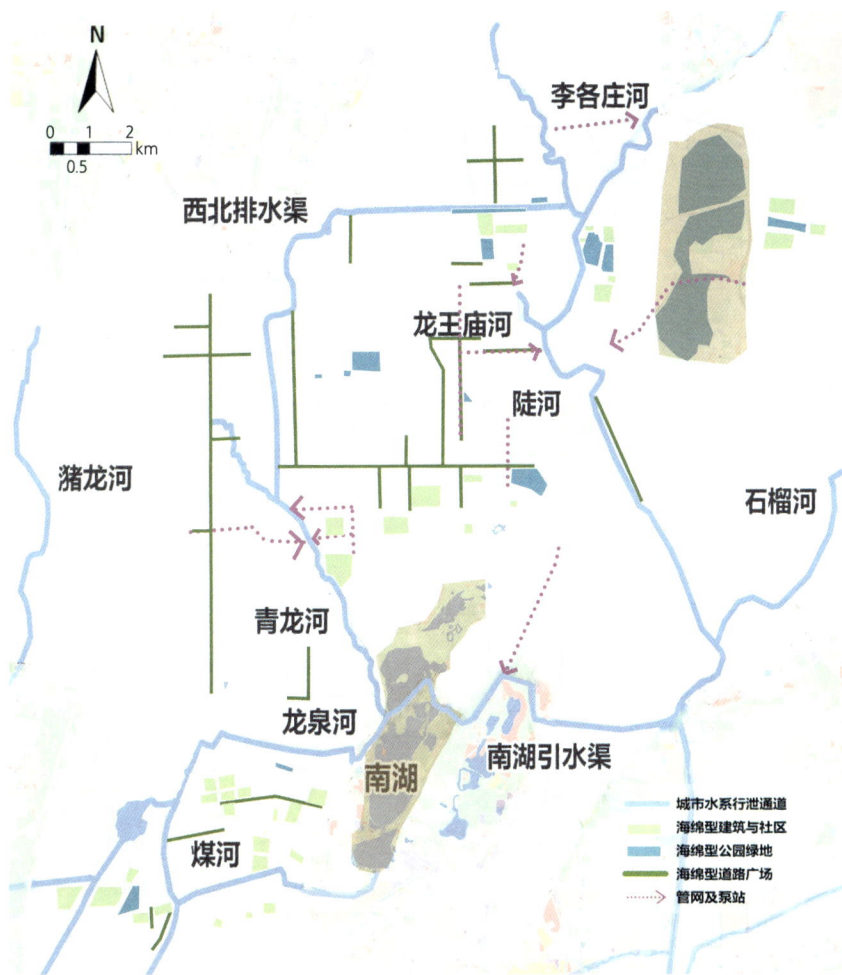

唐山市海绵设施布局图

采煤沉陷区海绵化生态修复：一是采取"挖深垫浅"策略，将沉陷程度较高的区域改造为调蓄湖体；二是建设低维护、自维持、近自然的海绵设施；三是将原来的废弃厂房改造成绿色建筑，建设海绵科普宣传基地，打造城市大型海绵体。

建设成效

唐山市城市排水防涝能力得到显著提升。2022年8月18日，唐山市区普降暴雨，24小时城区降雨量达到196毫米，达到50年一遇降雨水平，中心城区没有发生内涝，无人员伤亡与重大财产损失。降雨期间，地道桥、低洼点等易积水区域退水时间均在2小时以内，道路积水情况大幅缓解。实践证明，唐山市海绵城市建设有力提升了城市排水防涝能力，牢牢守住了城市安全底线，保障城市安稳度汛，城市韧性大幅提升。

新华道矿务局门口改造前

新华道矿务局门口改造后

裕华道龙泽路交叉口改造前

裕华道龙泽路交叉口改造后

唐山市昔日城市伤疤变身生态之花。中心城区建成区有唐山矿、马家沟矿2处大型采煤沉陷区，采空区面积18平方公里。唐山市结合排水防涝和生态园林建设，实施采煤沉降区海绵化生态修复，建成了唐山南湖和花海2座大型海绵化生态公园，总面积达到26平方公里，占中心城区建成区面积的13.5%。唐山市煤矿采空区景观得到了提升，成为了集生态景观、文化旅游、休闲游憩、户外运动、科普教育等于一体的城市绿色发展好作品。

采煤沉陷区实景图1（整治前）

建筑物使用绿色屋顶（整治后）

采煤沉陷区实景图2（整治前）

兼具雨水调蓄功能的下沉广场（整治后）

花海透水广场

南湖
南湖扩容200万平方米——采煤沉陷区建设成效

城市特征

衡水市位于河北省东南部，地处河北冲积平原。中心城区常住人口约88万，建成区面积约77平方公里，是华北地区中等城市，土壤渗透性一般。

衡水市水资源极度短缺。气候上，降雨稀少、旱涝急转，多年平均降雨量为481毫米，主要集中在6～9月；多年平均蒸发量为1210毫米，是降雨量的2.5倍；人均水资源量为148立方米，不足全国均值的7%，是河北最缺水的城市；地下水超采问题严重，是位于华北平原地下水漏斗区的"锅底"。

衡水市地形极为平坦，依靠滏阳新河、滏阳河、滏东排河等形成了平原排水主通道，但主城区地面最大高差不足5米，城市平坦易造成排涝困境；石德铁路穿越主城区形成多处下穿立交，降雨时极易积水。为衡水市海绵城市建设带来了较大挑战。

建设思路

针对北方平原城市缺水问题和排涝难题，统筹城市涉水设施的

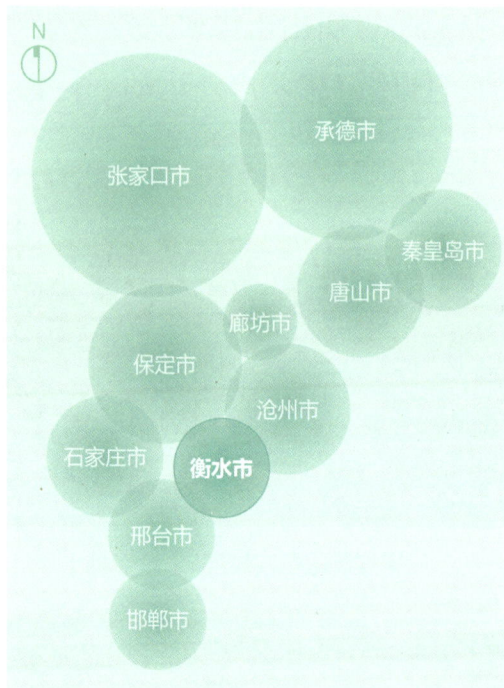

衡水区位图

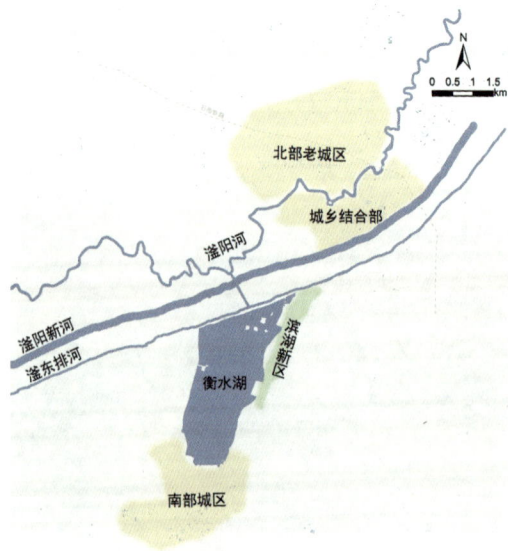

衡水市地形地貌示意图

"蓄""排"和"净"的关系，以蓄代排，蓄水利用。

采用以蓄为主、蓄排平衡的治涝思路解决城市排涝问题。疏通吴公渠、丰收渠、白马沟、南北七支干渠、盐河故道等主要涝水通道，采用生态净化的措施，雨季存水，旱季取水活用；完善孔颖达公园、人民公园、植物园、滏东公园、冀州古城遗址公园等天然调蓄空间，减少城市外排雨水的压力。

强化雨水、再生水等非常规水资源利用。在城市河渠、公园等自然空间集蓄雨水，将收集起来的雨水用作绿化浇洒、农田灌溉、车辆冲洗等方面；将再生水作为电厂冷却、市政杂用、农业灌溉和生态补水水源，缓解城市缺水困境。

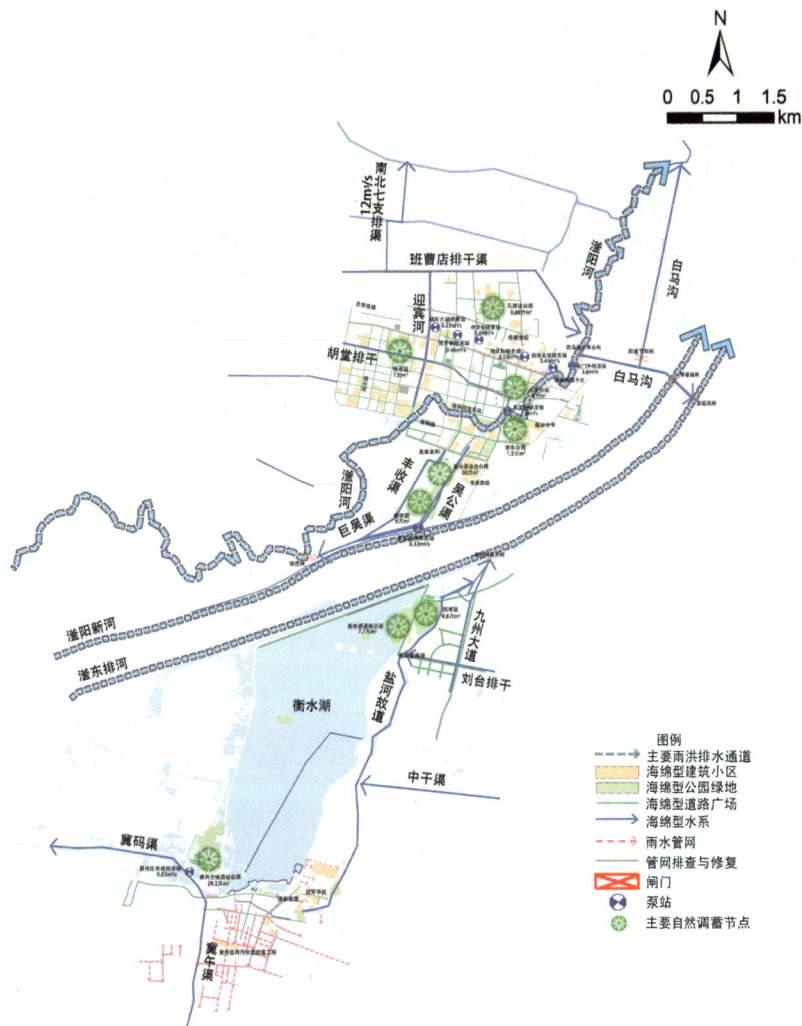

衡水市海绵设施布局图

建设成效

加强城市非常规水资源利用，年利用雨水、再生水等非常规水资源总计约4945万吨，将14%以上的城市用水水源替代为非常规水资源，减少对地下水的采用。

采用公园绿地集中蓄水和小区公建分散蓄水相结合的方式，在孔颖达公园、衡水科技职业技术学院、恒大绿洲小区等区域建设生态调蓄空间，城区年雨水资源化利用量为36万吨。

建立"双网多质，一环多枝，分区互联，智慧低碳"再生水优化配置体系，为恒兴电厂、胡堂排干渠等提供水源，为市政浇洒、农田灌溉提供

孔颖达公园

孔颖达公园调蓄空间1万立方米，年雨水资源化利用量约2万立方米

衡水科技职业学院

衡水科技职业学院，建设人工蓄水湖5166平方米，年收集利用雨水约6万立方米，每年可节约绿化灌溉费用37万元

奥体中心公园

奥体中心公园调蓄空间120立方米，每年雨水资源化利用量2220立方米

人民公园

人民公园调蓄空间6万立方米，每年雨水资源化利用量约2万立方米

补充水源，年再生水利用量4909万吨。

打造北方典型平原城市排涝结合统筹治涝示范。构建"一湖三河、多渠道、多坑塘"的生态格局，结合海绵城市建设理念，新增调蓄空间约216万立方米，以蓄排结合的方式达到城市内涝防治30年一遇水平（196毫米/24小时）。

形成小区公建、公园绿地、河道水系贯通的治涝格局。在市委党校、红星天铂小区等区域内建设雨水花园、透水铺装等海绵设施，将约7万立方米雨水分散滞留在地块内；改造滏东公园、衡水湖湿地公园，设置调蓄空间103万立方米；疏通吴公渠、南北七支排渠等河道水系排水通道，增加106万立方米河湖蓄水能力，缓解城市20余处内涝积水区域排水压力。

吴公渠生态修复整治前
调蓄空间不足，河道景观品质低

吴公渠生态修复整治后
增加调蓄空间约30万立方米，打造衡水城乡结合部主要蓄排空间

育才街人民路积水点整治前
降雨后积水严重，影响居民出行

育才街人民路积水点整治后
积水消除，出行便捷

城市特征

呼和浩特市位于内蒙古自治区中部、大黑河冲积湖平原，是华北地区Ⅱ型大城市，2024年，中心城区建成区面积285.6平方公里，人口数量271.7万，属北方半干旱区草原城市，多年平均降雨量为386毫米。

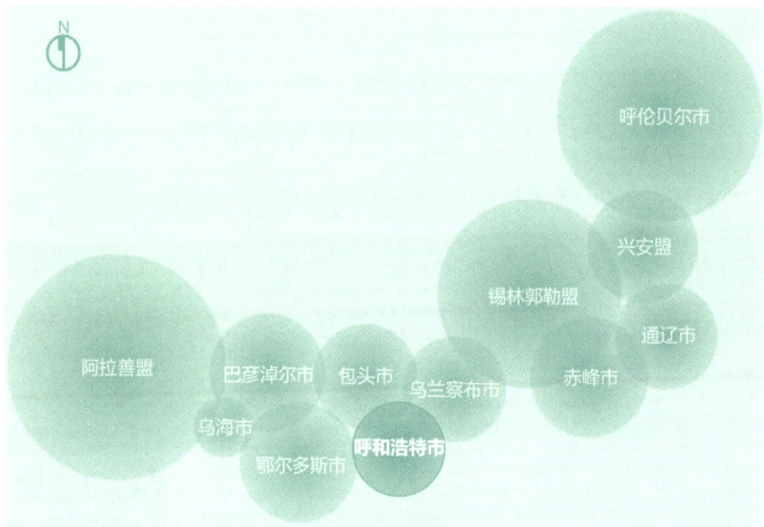

呼和浩特区位图

主城区北依大青山，南临大黑河，形成"山—草—城—水"为一体的格局。建成区地势东北高西南低，地形坡度小于15度，地面平均坡降

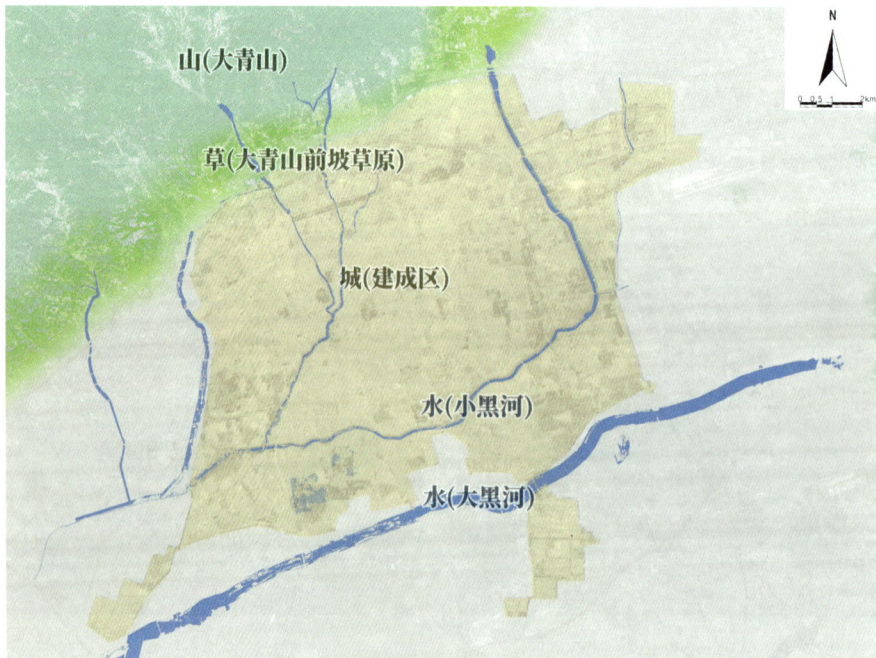

呼和浩特市城市地形地貌示意图

1‰～4‰，地势平坦，土壤渗透性良好。

近年来随着城市建设的拓张，自然水生态环境受到侵蚀，部分河道断流，生态功能退化。城市不透水下垫面大幅增加，老旧小区硬化面积大、绿地率不高，排水基础设施不完善，局部存在积水现象。人均水资源量仅为全国平均水平的1/6，旱涝极度不平衡。

建设思路

一是海绵引领，全面恢复水生态，构筑生态草原安全韧性系统：围绕呼和浩特"山—草—城—水"的生态格局，城市北部利用大青前坡、敕勒川草原持续加强生态建设，打造草原滞洪区；城市内恢复内河水文功能，打通行洪通道，防洪标准达到百年一遇，通过建设雨水调蓄型公园和口袋公园、绿道增加绿色调蓄空间，提升城市安全韧性；城市南部开展大黑河河道治理和生态修复，串联滞蓄、泛洪公园，打造下游"湿地水库"。

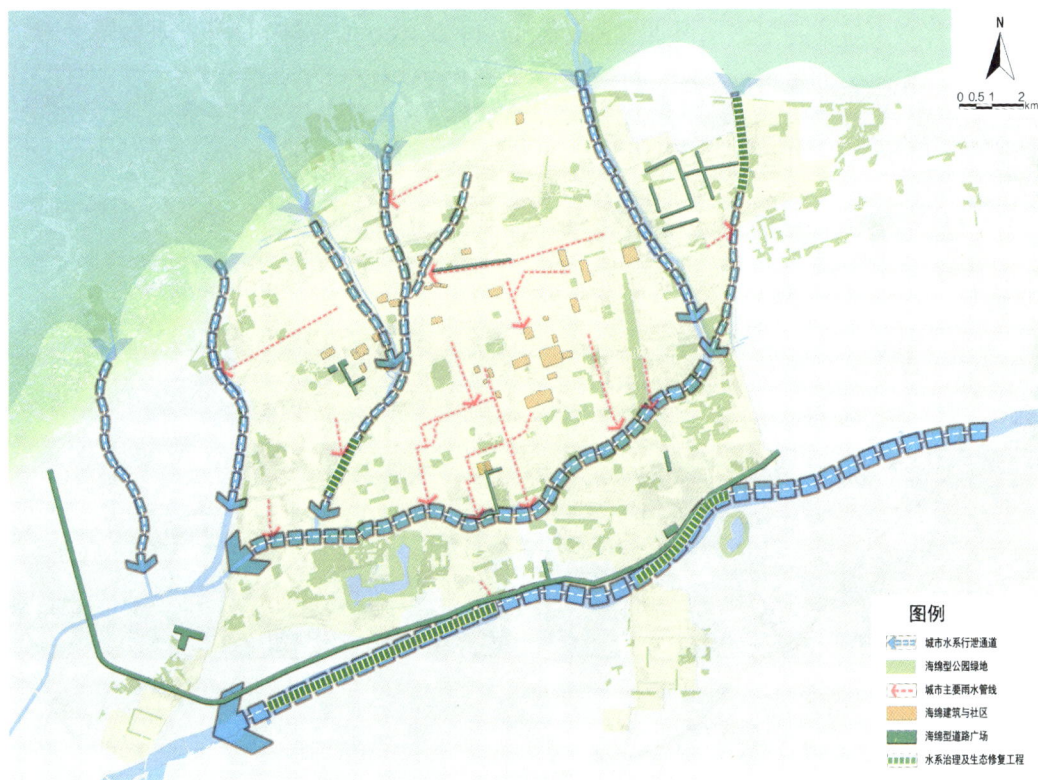

呼和浩特市海绵城市项目布局图

二是以渗为主，渗蓄结合，探索草原城市旱涝平衡共治体系：利用草原城市良好的土壤渗透特性和绿地空间体量优势，打造绿色生态网络，以城市更新为抓手，通过老旧小区改造、口袋公园建设、生态停车场建设，拓展可渗透下垫面，提升雨水径流削减能力，同时渗透回补地下水。着重推动"蓝绿灰"基础设施的多功能一体化建设和多目标展现形式，实施积水点"一点一策"综合整治，完善排水管网，构建雨水渗透和雨水集蓄为一体的雨水资源利用体系。

建设成效

流域生态韧性持续向好，自然生态得到恢复：通过对城市重要河道的治理修复，夯实了城市水系的蓄排功能和体系建设，提升了百年一遇外洪防治能力，大黑河水系全线连通，生态环境显著提升，成为呼和浩特市南部绿色生态屏障，同时有力保障了入黄水质。

海绵连片效应初现，渗透功效显著：通过"蓝绿灰共蓄滞"，系统实施海绵化改造、积水点整治、管网泵站提升、雨水调蓄利用公园建设等工程，形成了"以渗为主"的典型做法，有效改善了社区排水状况，提升了人居环境；城市内涝风险缓解，消除了全市73个积水区段，56%的建成区达到50年一遇（140毫米/24小时）内涝防治标准；地下水资源得到回补，南湖湿地公园等湖泊恢复天然水面。

大黑河河道治理前
河道断流，生态功能退化

大黑河河道治理后
天然水面拓展，生态功能恢复

小黑河与扎达盖河节点修复前
岸线裸露

小黑河与扎达盖河节点修复后
岸线覆绿

廉政广场改造前
大面积硬质铺装

廉政广场改造后
建设雨水花园，消纳道路广场雨水

和景花园改造前
城市未利用地

和景花园改造后
建设以渗透功能为主的旱溪、渗井，
消纳周边小区雨水，解决小区积水

公安厅生态停车场建设前
大面积硬质铺装

公安厅生态停车场建设后
增加透水停车位和透水路面

政法小区改造前
铺装老旧，地面积水

政法小区改造后
开辟渗滞模块，增加透水铺装

杭盖路积水点治理前（25毫米/小时）

杭盖路积水点治理后（28毫米/小时）

南湖湿地公园修复前
生态退化，地下水位下降，湖面干涸

南湖湿地公园修复后
园内小湖恢复天然水面

城市特征

沈阳市地处辽河平原，东临长白山脉。中心城区整体地势东北高、西南低，地势平坦，向西、南逐渐过渡为冲积平原。2024年，中心城区建成区面积573平方公里，常住人口920万。多年平均降雨量为716毫米，年际变化大，多集中在7、8月份。

地势平坦：建成区平均坡度在0.4‰~1‰之间，城市内部道路竖向呈"搓衣板"形态。

水网稀疏：水系密度仅0.14千米/平方千米，不足北京的1/2，也不足杭州的1/70。

河道水浅：城市内河均由原灌溉渠改造而成，河道普遍较浅。

沈阳区位图

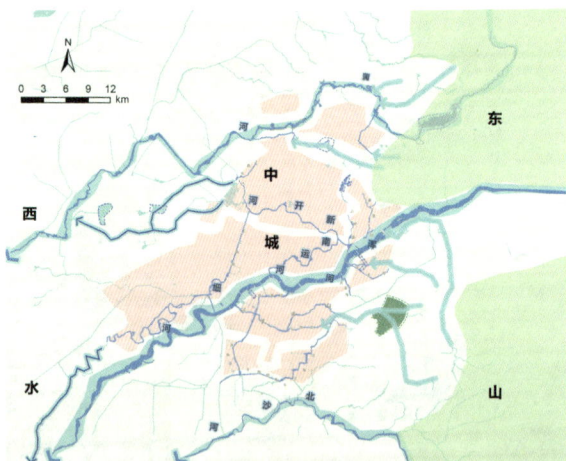

沈阳市地形地貌示意图

建设思路

沈阳市城市排水条件不利，主要体现在三方面：一是城市内部地势起伏，呈"搓衣板"形态。瞬时降雨过大时，管网冒溢雨水，难以通过地表汇入周边水系，易出现积水现象；二是老城区管网建设标准低，无法满足现状使用需求；三是管网敷设路径长、坡度缓，管道易出现淤积现象，导致管网排水能力受限，排水能力达不到设计标准。

完善主干排涝通道体系： 通过建设大型管渠，构建城市内部主干排涝

沈阳市海绵设施布局图

通道。新建主干管网59.5公里，改造主干管网14.1公里。新建2座雨水泵站，改造6座雨水泵站，排涝能力提升至140立方米/秒。

构建城市调蓄体系： 利用城市内部坑塘、湖体、绿地等，结合道路竖向和绿地公园分布，构建地表涝水调蓄空间，排涝通道能力不足时，将涝水引入进行调蓄，消除周边区域内涝积水现象。共计构建大型蓝绿空间、河湖蓄滞空间30余处，总计调蓄能力超160万立方米。

提升雨水源头消纳能力： 结合老旧片区改造、街路更新等，对64条道路、140个小区及140个口袋公园进行海绵化改造，总计提升雨水源头消纳能力113万立方米。

建设成效

内涝防治能力显著提升，城市应对强降雨的韧性显著增强。建成区约101平方公里区域内涝防治能力有显著提升。通过利用城市绿地及坑塘构建调蓄空间的方式解决内涝积水问题，能够避免大规模改造城市雨水管网、降低工程建设难度，上述方式通常能够减少60%~80%工程投资费用。

利用立交桥周边绿地空间调蓄地面涝水，消除低洼区域内涝积水现象

霓虹园俯视图

霓虹园实景图1

霓虹园实景图2

将雨水调蓄与游憩、休闲、景观功能结合，有效提升周边区域人居环境水平

北一路兴工街路口治理前积水实景

132毫米/24小时降雨，最大小时降雨量32毫米，2022.7.7

北一路兴工街路口治理后积水实景

20毫米/24小时降雨，最大小时降雨量60毫米，2024.7.25

城市特征

松原市位于吉林省中西部，松嫩平原腹地，是东北地区中等城市。2023年，中心城区建成区面积54.28平方公里，城区人口数量约39万。土壤渗透性良好，多年平均降雨量为431毫米。

松原市是典型的沿江低洼平原城市，城区地势平坦，除松花江外，城区内几乎无水系。江北地区地势较高，排涝方式以重力自排为主；江南地区海拔与松花江汛期常水位基本持平，排涝方式主要依靠泵站强排。

建设思路

针对松原市内涝较严重，排水防涝设施短板突出的问题，采取以下措施：

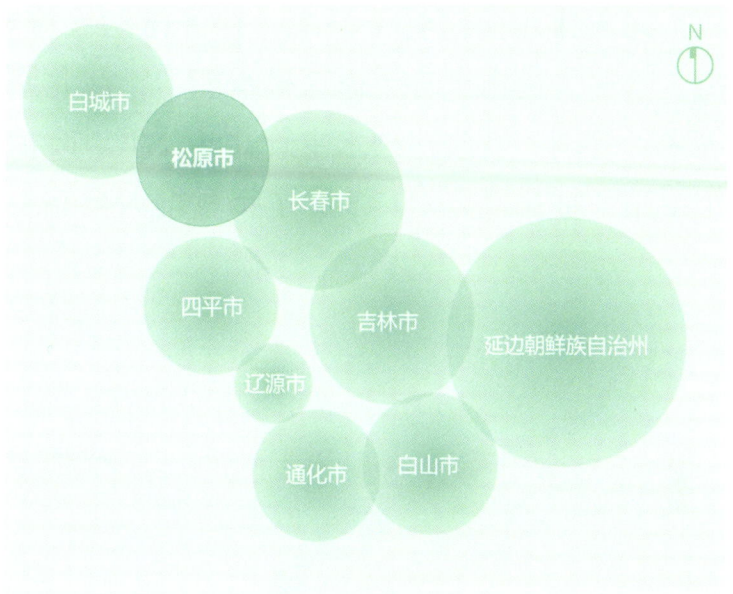

松原区位图

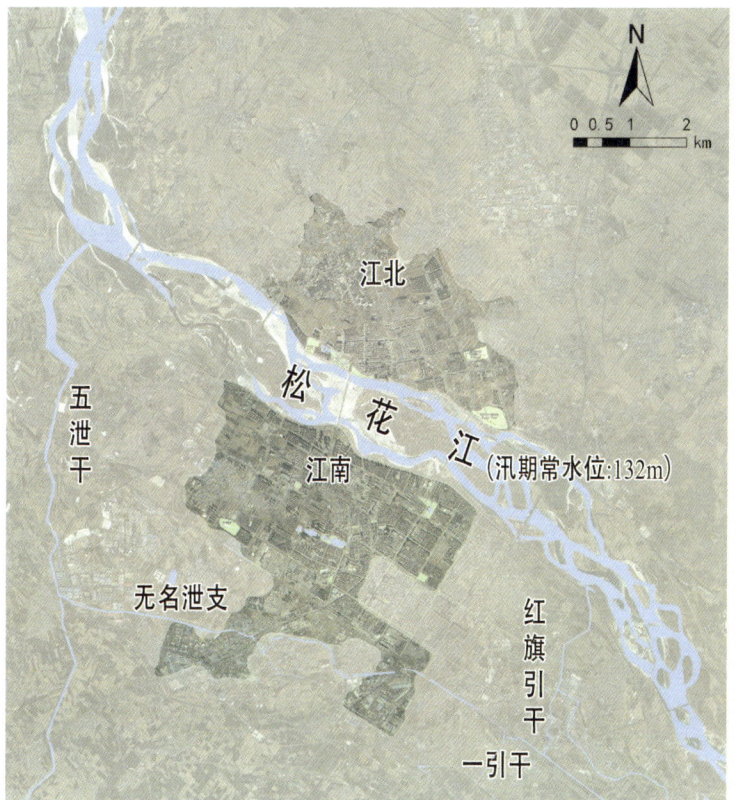

松原市地形地貌示意图

充分利用自然本底条件，强化雨水下渗调蓄。小区和道路海绵化改造时，建设下沉式绿地和雨水花园，强化雨水源头下渗，共完成113个小区、114条巷道和7个公园的海绵化改造。充分利用地形地貌，挖掘公园绿地和水体调蓄空间，新增调蓄容积10万立方米。

完善排水防涝骨干系统，补齐排涝设施短板。江南城区提升锦江大街、哈达大街雨水骨干通道排水能力，江北城区新建和平西路、扶余大路等主干管网，新改建雨水主管共49公里。改扩建沿江泵站、乌兰泵站及青年泵站，抽排能力由17.5立方米/秒增大至36.1立方米/秒，增加了106%。

松原市海绵设施布局图

建设成效

　　城市内涝治理效果明显，内涝防治能力显著提升。中心城区16处内涝积水点已得到整治，内涝防治标准由1年一遇（降雨强度60毫米/24小时）以下提升至10年一遇（降雨强度98毫米/24小时）。

郭尔罗斯大路巴特尔南侧积水点整治前（25毫米/小时降雨，2023.7.13）

郭尔罗斯大路巴特尔南侧积水点整治后（30毫米/小时降雨，2024.7.26）

湛江路积水点整治前（25毫米/小时降雨，2023.7.13）

湛江路积水点整治后（30毫米/小时降雨，2024.7.26）

镜湖路与锦江大街交叉口积水点整治前（25毫米/小时降雨，2023.7.13）

镜湖路与锦江大街交叉口积水点整治后（30毫米/小时降雨，2024.7.26）

老旧小区改造充分融入海绵理念，人居环境明显改善。老旧小区改造不仅解决了内涝积水、雨污分流等涉水问题，还同步解决了路面破损、人居环境差等问题。工程的实施起到"打通一点、惠及一片"的作用，让人民群众在家门口切身感受到城市的进步和生活的改善，提升了人民群众的获得感和幸福感。

富江苑二期改造前

富江苑二期改造后

文化康城改造前

文化康城改造后

光宇小区改造前

光宇小区改造后

城市特征

四平市地处松辽平原中部腹地，辽、吉、蒙三省区交界处，是东北地区重要的交通枢纽城市。2023年，中心城区建成区面积约67平方公里，人口数量53.36万。属于严寒地区季风气候，多年平均降雨量为650毫米，两河穿城，地势东南高、西北低，呈明显的丘陵平原过渡地形。

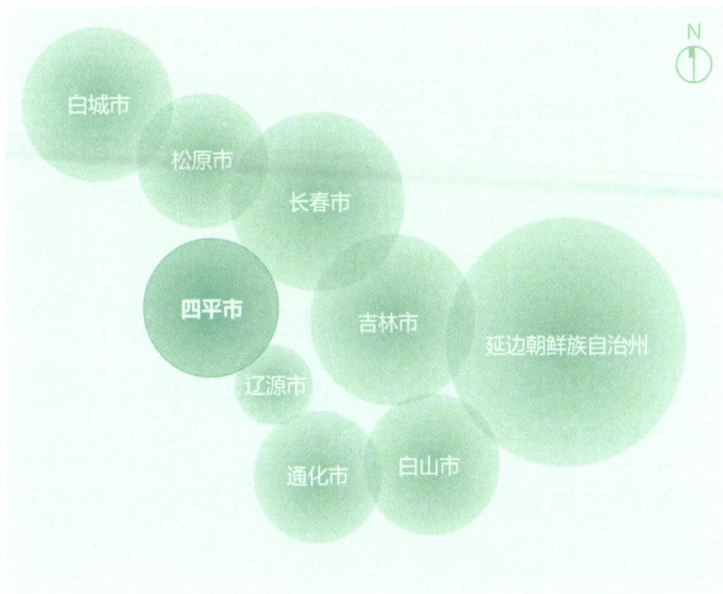

四平区位图

四平市地形地貌示意图

建成区内两条河流，北河（红嘴河）、南河（蔺家河）汇合之后，名为条子河。条子河下游10公里为国家地表水考核断面，城区水污染防治任务十分艰巨。

建设思路

四平市作为东北老工业基地，是辽河流域上游水污染防治任务最重的城市之一，面临城市基础设施老旧严重、短板多，公共空间破损严重，人居环境品质不高等现实问题。

通过海绵城市的绿色基础设施建设，灰绿蓝结合，因地制宜、见缝插针，通过小区、道路、公园绿地的系统性改造，有效控制溢流污染，促进城区水环境质量进一步提升；与老旧小区改造、城市更新充分结合，多专业协同、多目标融合，充分发挥海绵城市建设改造综合效益，促进人居环境品质整体提升。

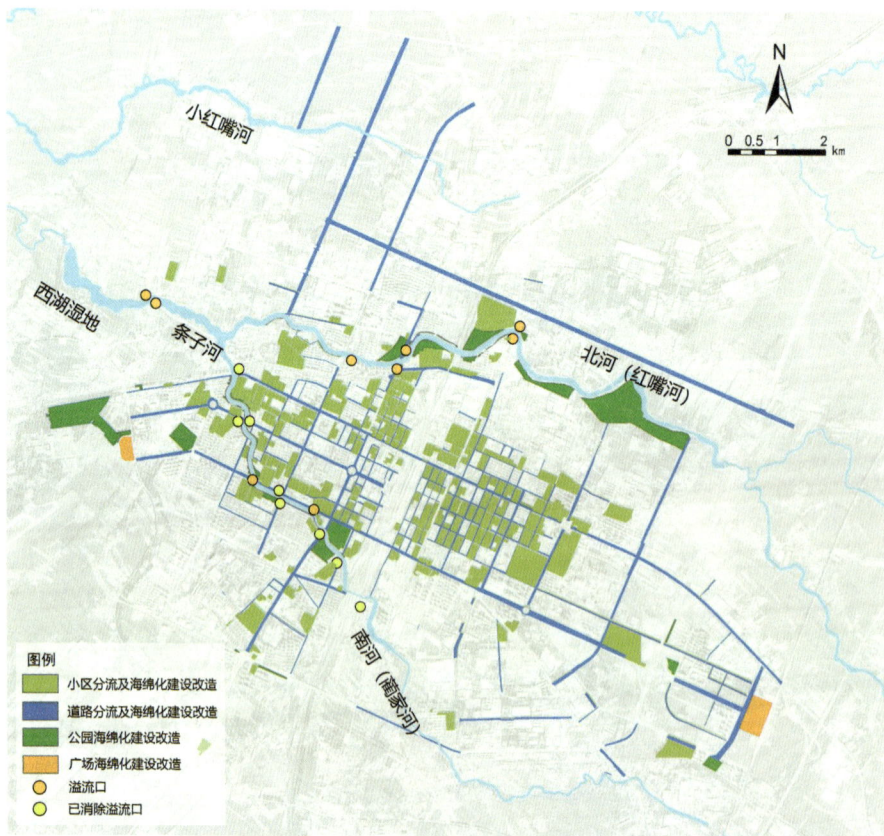

四平市海绵示范项目布局图

建设成效

水环境质量显著提升。结合黑臭水体治理工作，海绵城市建设系统优化了城市排水体系，建成区溢流口由原先17个减少到9个。2021年以来，南北河河道水质稳定达标并持续提升，河道生态不断恢复，西湖湿地河段实现了水清岸绿、鱼翔浅底的生态目标。保障了建成区下游国家地表水考核断面水质持续稳定在Ⅳ类水及以上标准。

宜居环境品质显著提升。建成区18个排水分区中，形成了10个完整的雨污分流片区，构建了完善的排水防涝体系，49处历史易涝积水点全部消除。在小区、道路、公园绿地的改造建设中均充分融合了海绵理念，促进了四平市高质量的城市更新，使社区更加宜居、街区更加宜行、城区环境更加宜人。

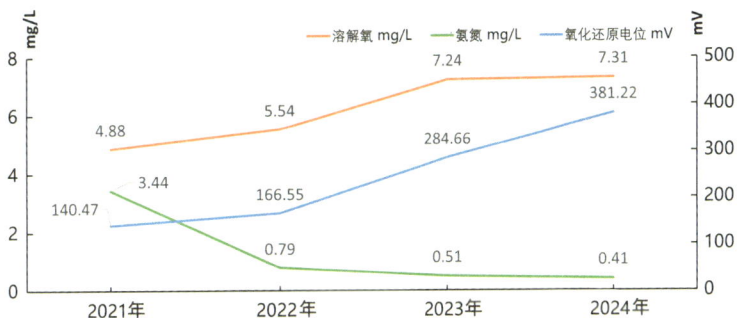

海绵城市建设以来建成区河道水质主要指标稳步提升

南河河段
水质稳定提升

西湖湿地
水清岸绿、鱼翔浅底

滨河路积水点整治前

建设局南侧滨河路，2022年8月7日，20毫米/小时，大面积积水

滨河路积水点整治后

建设局南侧滨河路，2023年7月9日，24毫米/小时。

整治措施：路侧绿化带中增加植草沟排水，既能增加雨水下渗，又能延长雨水排放路径，缓解市政雨水管道排水压力

万兴小区改造前

万兴小区建设于1998年，存在路面老化、道路积水、绿化景观杂乱、缺乏公共空间等问题

万兴小区改造后

万兴小区海绵化改造，既解决了小区积水问题，又增加了活动场地、休闲座椅、健身器材，雨水花园景观打造也使小区环境有很大改善，受到了居民一致好评

| 紫气大路改造前 | 紫气大路改造后 |

现状存在内涝积水、人行空间被挤占、景观较差等问题。改造充分利用道路绿化分隔带建设生物滞留设施，使得道路沿线积水问题得到了解决；同时通过规范停车、设置慢行专用路权等措施，还路于民，行人再也不用在车辆的夹缝中穿行了。改造完成后，道路更加整洁、干净、美观，步行环境更加宜人，沿街商户普遍反馈门前再也不会积水了，该项目入选"中国全域海绵典范项目"

| 爱心公园建设前 | 爱心公园建设后 |

爱心公园原址为沿街废弃建筑，建筑拆除后地块按口袋公园设计，项目充分利用城市边角地，以海绵理念为指引，服务周边道路和停车场的雨水调蓄需要，雨水花园里绿意盎然，为行人与患者提供了一个适宜、优质、清新的驻足休憩环境，片区的公共服务功能和景观品质得到显著提升

城市特征

大庆市，位于黑龙江省西部、松嫩平原腹地。2023年，城市建成区面积约257平方公里，常住人口约144万。

大庆冬长夏短，土壤结冰期长达220天左右，多年平均降雨量为457毫米；地形平坦，湿地众多，全市大小湖泡228个，拥有松嫩平原面积最大湖泡群。

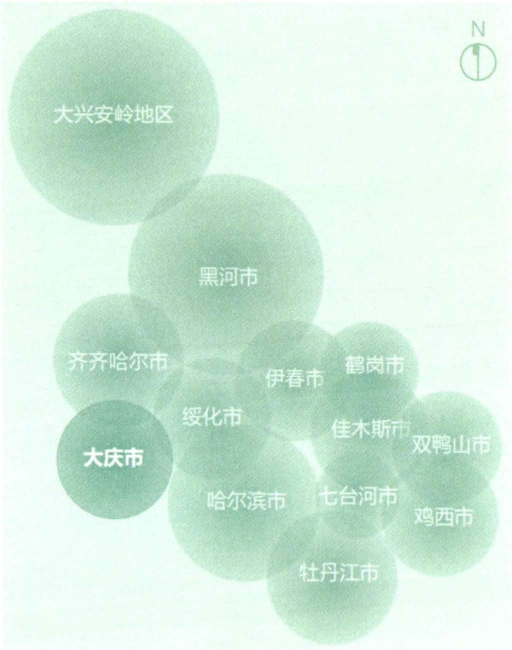

大庆区位图

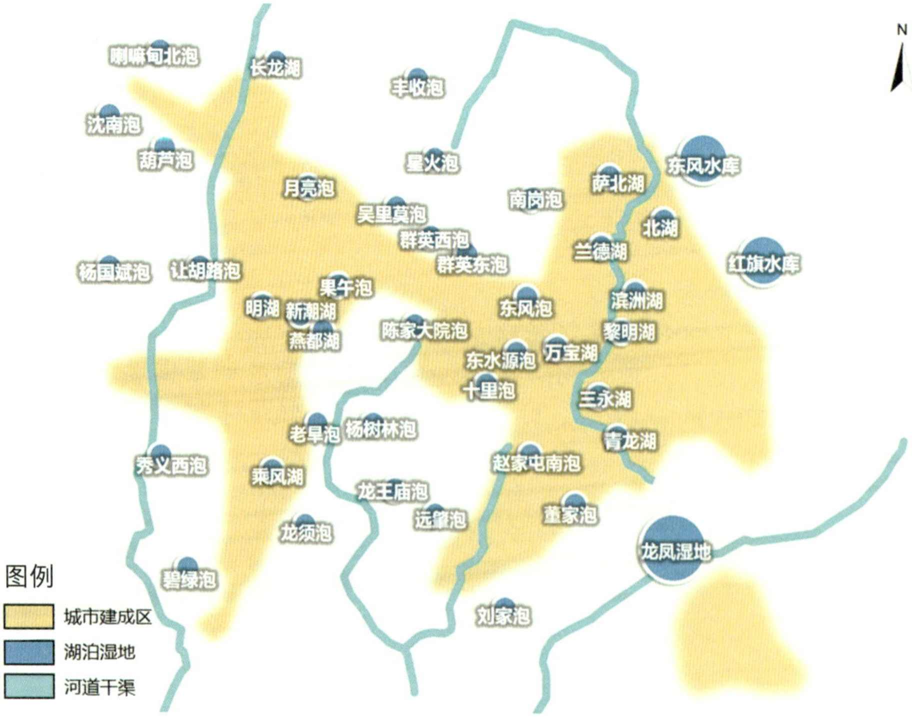

图例
- 城市建成区
- 湖泊湿地
- 河道干渠

大庆市建成区及周边湖泡湿地分布图

建设思路

大庆市地形平坦、城市组团布局分散，面临局部内涝积水、部分河湖水质不佳等问题。此外，由于油田生产等工业需水量大，城市用水依赖外江引水，因此对雨水资源利用的需求十分迫切。

为解决上述问题，大庆市以湖泊为核心，按照雨水"就近散排、以蓄代排、蓄水回用"的思路推进海绵城市建设。城区内部，雨水就近散排入湖，充分发挥湖泡调蓄功能，通过新建改造雨水管道、新建河湖连通箱涵等措施，分流干渠排涝压力；城区外围，以蓄代排拦截入城客水，通过湖泡清淤、干渠疏浚等措施，降低外水对城区排涝的影响；湖泡蓄水后就近回用于油田生产、绿地灌溉、道路浇洒等工业生产和城市生活。在此基础上，结合城市更新改造，建设海绵设施，控制雨水径流，改善居民生活环境。

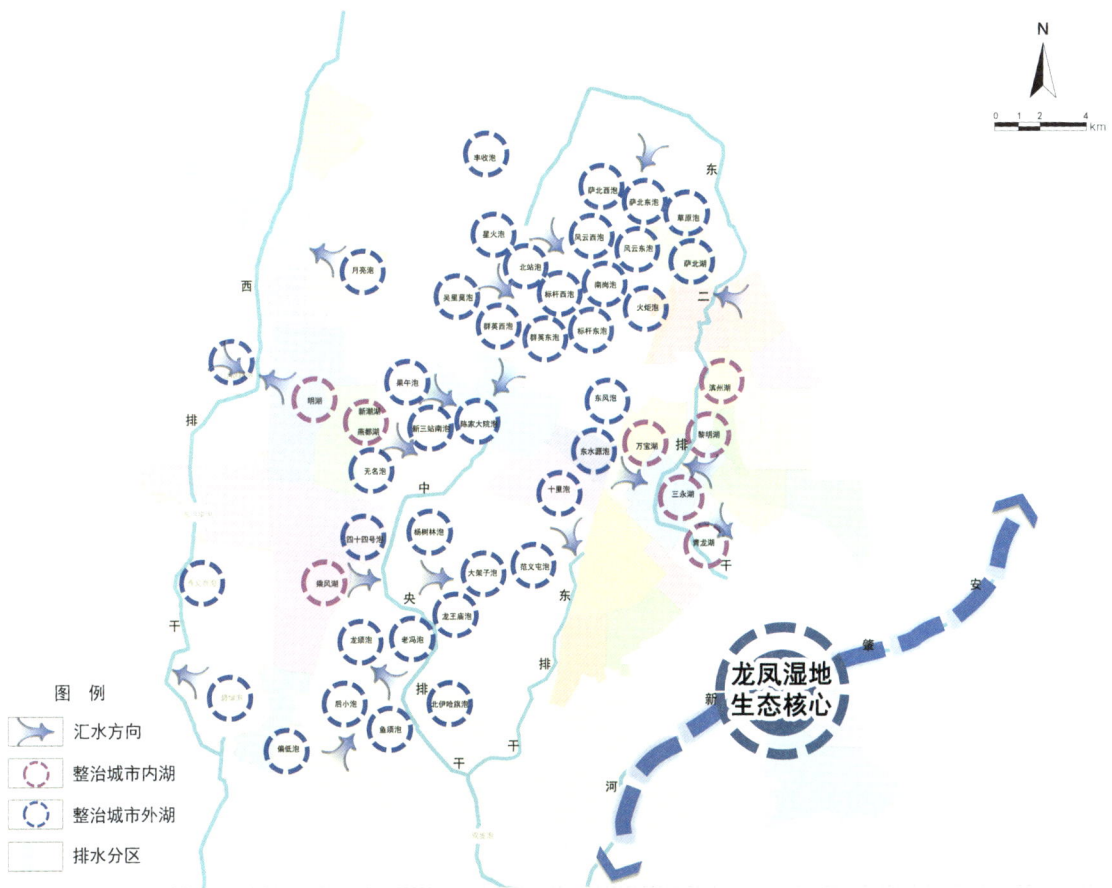

大庆市海绵城市建设布局图

建设成效

自然调蓄能力显著提升。大庆市计划整治外湖37个、内湖8个，提升调蓄能力约500万立方米，目前已实施开展了24个湖泡湿地的综合治理，增加调蓄能力242万立方米。

河湖生态环境明显改善。万宝湖、明湖、燕都湖等主要湖泡水质有效提升，稳定达到地表水Ⅴ类标准。

天然雨水资源有效利用。通过外湖治理可提高油田生产区湖泡蓄水能力约350万立方米，蓄积雨水可用于供给油田生产；此外，通过源头建筑与小区建设，收集净化雨水用于景观和绿化浇洒，根据雨水计量，2023年大庆市雨水资源化利用量达到25万立方米。

社区环境品质显著改善。新改建海绵型小区25个，海绵型公建学

陈家大院泡水体现状图

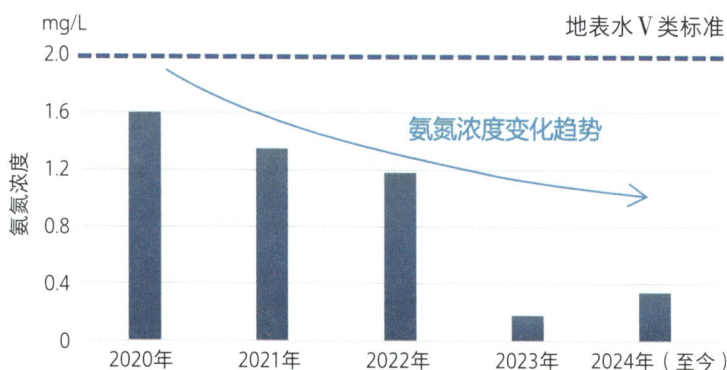

万宝湖近五年水体氨氮浓度变化图

万宝湖水体现状图

校3个，海绵型公园绿地8处，治理河湖湿地16处；结合易涝积水点消除与主干排水干线提升，新改建雨水管线约155公里，排水泵站14座，城市内涝积水问题得到有效解决。

大庆滨水绿道和黎明湖

大庆滨水绿道

东二排干湿地

城市特征

临沂市位于山东省东南部，2023年，中心城区建成区面积292平方公里，常住人口373万。多年平均降雨量为868毫米，降雨时空分布不均，易旱涝急转。

临沂市位于沂蒙山区向平原过渡的地带，城区地势低平，整体为西北高、东南低，沂河、祊河穿城而过，承接上游大量来水，汛期内河排水易受外河洪水顶托的影响，引发内涝。

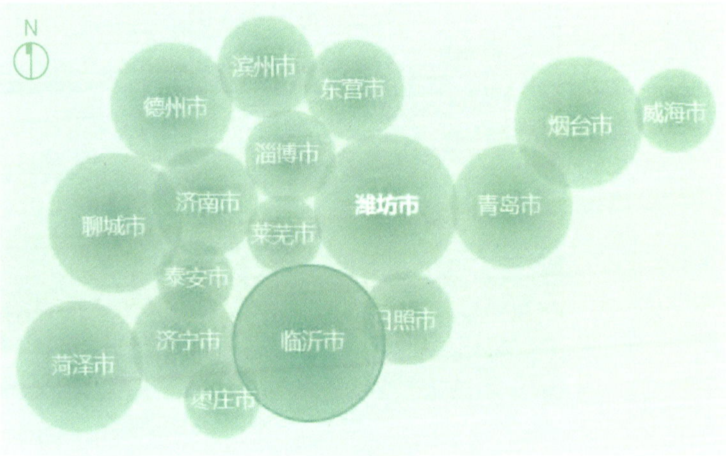

建设思路

针对临沂市城区雨水调蓄和强排能力不足、汛期易涝、旱季缺水的问题，坚持蓄排并重，持续提高城市排水防涝能力，加强雨水资源利用。

临沂区位图

图　例
■■ 河流水系
　 城市建成区
➜ 行泄通道

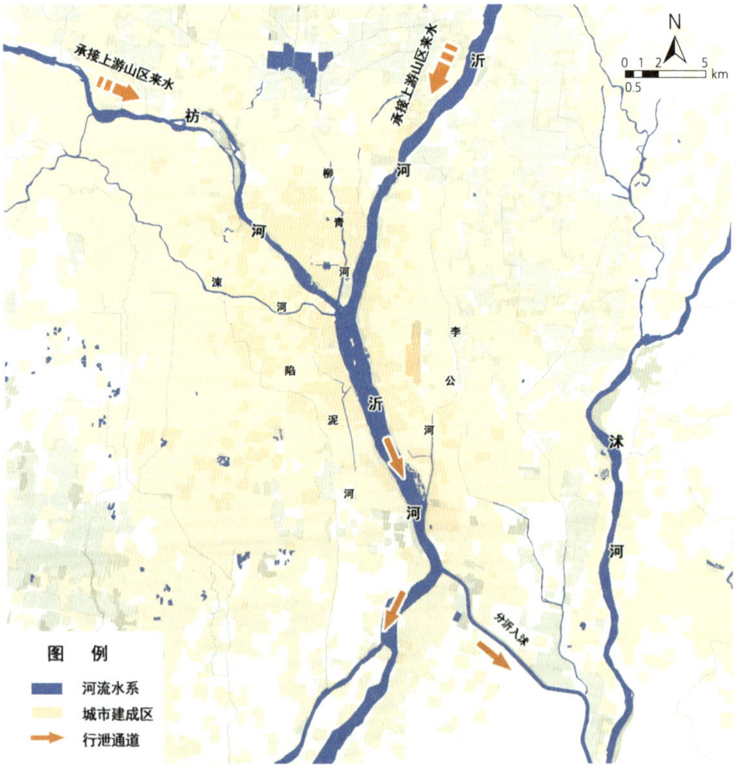

临沂市中心城区雨水通道示意图

蓄排并举，提高排水防涝能力。一是建设孝湖、五洲湖、龙湖、双月湖、凤鸣湖等调蓄型公园，实施新开河道、拓宽水系等14项水系连通工程，增加雨水的自然调蓄空间，提高雨水调蓄能力，雨季蓄的水还用于旱季的绿化浇洒；二是新建孝河、花园明渠、三和六街、李公河及陷泥河等内河排入外河的强排泵站，保证外河顶托时，城区的雨水排得出。

融合城市更新，加强雨水就地消纳。结合城市更新，拆旧还绿、见缝插绿，建设口袋公园和绿荫停车场，推广下沉式绿地、雨水花园、透水铺装等，增加雨水就地蓄滞和下渗。在有条件的建筑与小区中配建雨水调蓄池，就地回用于绿化浇洒、景观补水等。

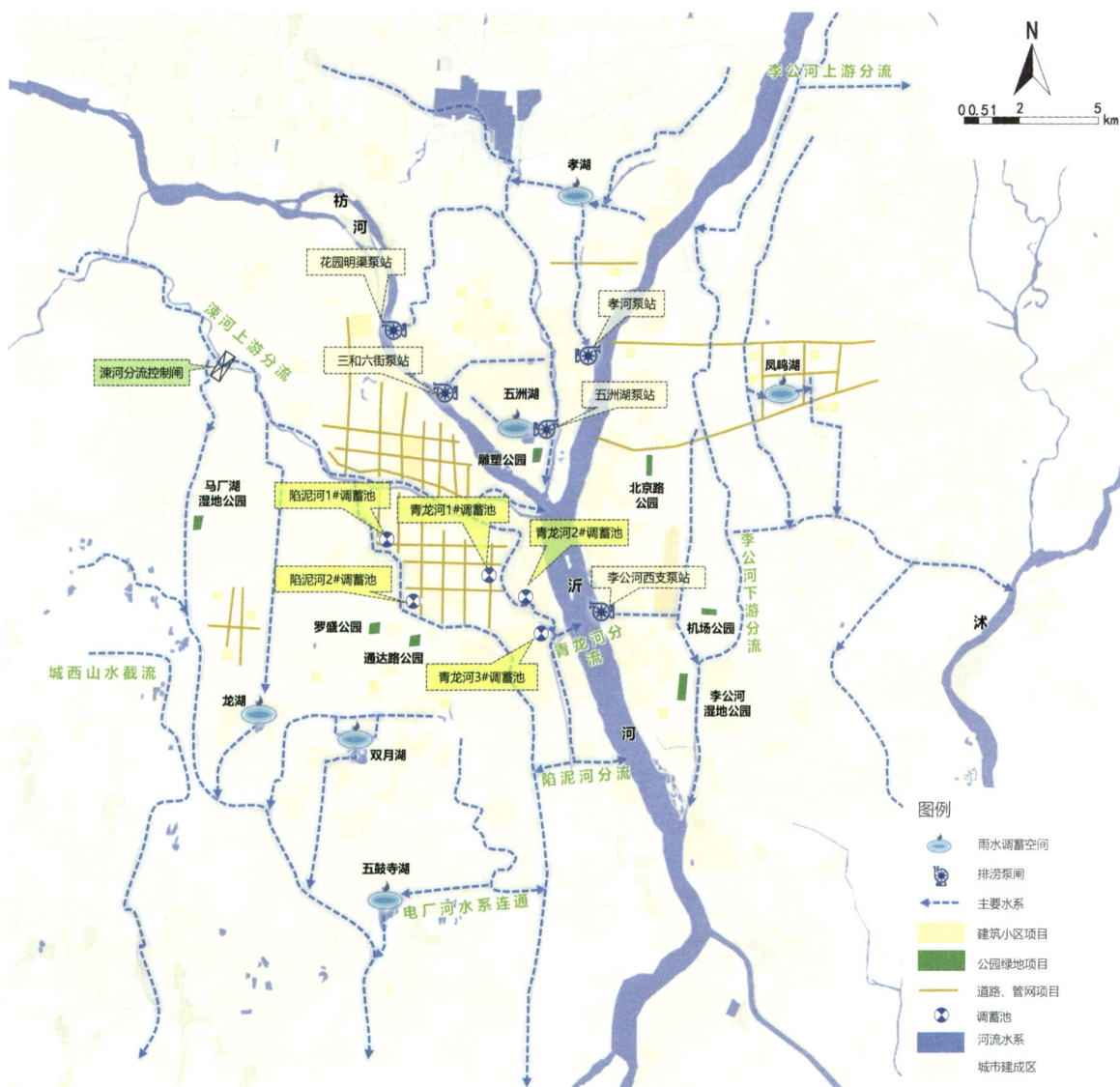

临沂市海绵设施布局图

建设成效

排水防涝能力显著提高。消除69处历史易涝点，兰山老城区排涝标准基本达到20年一遇（210毫米/24小时），中心城区其他建成区排涝标准基本达到30年一遇（229毫米/24小时）。

算圣路与兵圣路交汇处积水点整治前
（87毫米/24小时，2021.6.15）

算圣路与兵圣路交汇处积水点整治后
（96毫米/24小时，2023.8.28）

三河口小学附近积水点整治前
（90毫米/24小时，2020.7.12）

三河口小学附近积水点整治后
（96毫米/24小时，2023.8.28）

人居环境明显改善，雨水利用有效提升。建成五洲湖公园、雕塑公园等一批调蓄型的大公园和700多处口袋公园，并建成绿荫停车场，增加了雨水的就地消纳能力，给市民提供了更多休闲游玩空间。在136个建筑与小区中建设了雨水调蓄池，新增6.6万立方米蓄水容积，就地回用于绿化浇洒、景观补水等。

下沉式绿地

下沉式绿地地下建有雨水调蓄池，容积160立方米，雨水经绿地调蓄净化后储存于调蓄池中，后续可回用于绿地浇洒

五洲湖公园

五洲湖公园，水域面积13万平方米，雨水调蓄容积26万立方米，可调蓄周边地区降雨径流，有效解决了周边区域道路积水、下游柳青河排水压力大的问题

潍坊市

城市特征

潍坊市位于山东半岛中部，是山东重要的区域性中心城市、环渤海重要的海滨城市。

中心城区整体地势南高北低，地势平坦，平均坡度 1‰ ~ 2‰，是典型的平原地形。

潍坊属于北方严重缺水型城市，人均水资源量262立方米，不足全国人均占有量的1/8。

中心城区四大水系：白浪河、虞河、浞河、大圩河，以上河流均发源于本地，仅流经本市，向北汇入莱州湾。

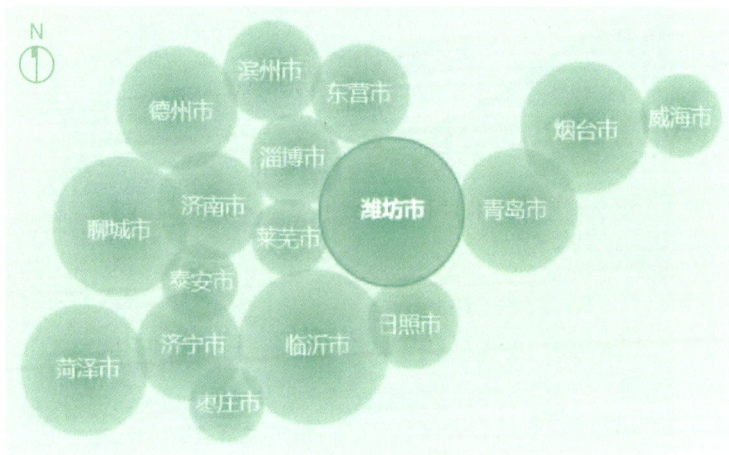

潍坊区位图

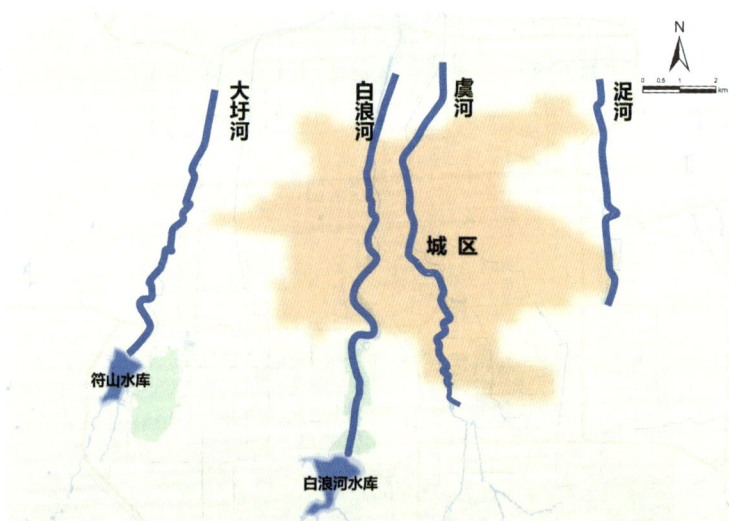

潍坊市地形地貌示意图

建设思路

潍坊市作为北方缺水城市，面临水资源短缺、河流季节性强及雨季溢流污染三大问题。人均水资源量低限制了各行业发展；河流季节性干涸加剧缺水，且缺乏上游来水导致生态基流不足；雨季旱季的转换引发溢流污染，影响水质及生态环境。

渗蓄优先：在有集中绿地的河道雨水排口周边建设雨水塘、雨水湿地等生态调蓄设施，对于周边无绿地空间的排口建设快速过流净化设施，实现旱季、雨季雨水的分质处理，有效控制雨水径流污染；充分利用季节性河流空间构建集中蓄渗水区，提升滞蓄渗透能力，留住雨水资源增渗回补地下水。

存量增效：挖掘存量设施潜力，优化改造既有河道闸坝、箱涵，加强蓄渗效果不佳设施提升维护，提高调蓄池等存量设施运行效率，释放调蓄空间，降低溢流污染频次。

潍坊市海绵设施布局图

建设成效

"蓄排结合、峰值调节"，通过上游增加能够实现峰值调节功能的多功能河段，同步疏浚下游河道，提升排水能力，有效增加区域调节容积，减少径流峰值。示范期共建设滞蓄空间8处，提升滞蓄空间规模104.1万立方米。

"因地制宜、系统施策"，有效解决城市面源污染问题。采取"源头减排+排口净化调蓄"的建设方式，对于周边有集中绿地的12个排口建设雨水塘、雨水湿地、渗滤塘等生态调蓄设施，对于周边无绿地空间的21个排口改造项目建设水平流、垂直流等不同工艺的快速过流净化设施，结合源头减排项目有效控制径流污染。

寒亭张面河多功能雨洪调蓄公园

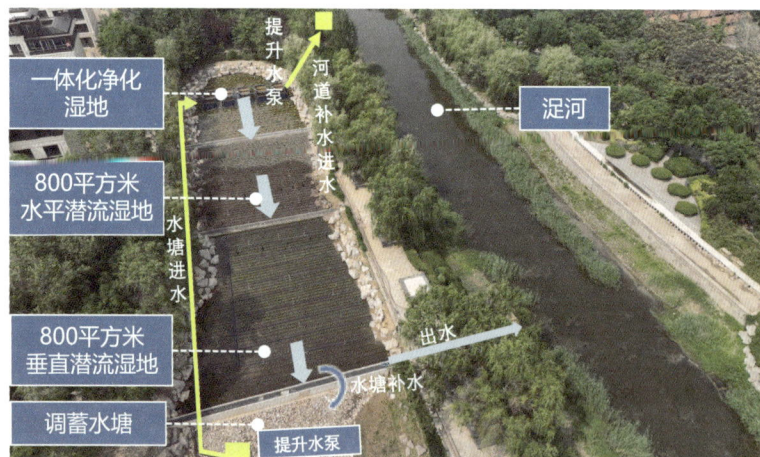

寒亭张面河梯级生态涵养湿地

与城市更新、老旧小区改造相结合，提升人民群众生活环境。结合老旧小区改造，提高城市基础设施品质，改善人居环境，提升居民休闲活动空间。通过河道生态修复和调蓄净化设施建设，提升河道水质和居民亲水体验。

透水铺装

新型调蓄型增渗透水停车场

雨水回用设施

透水铺装

生物滞留设施

梨园小区海绵改造项目改造前　　　　　梨园小区海绵改造项目改造后

城市特征

开封市是国家首批历史文化名城，中国八大古都之一。因水而生，因水而盛，北宋时期有汴河、蔡河、五丈河、金水河"四水贯都"，素有"一城宋韵半城水"的美誉。

2023年，开封市城区常住人口约121万，建成区面积约141平方公里，多年平均降雨量为627毫米，地势平坦、全境无山，北依黄河地上河、南接黄淮平原，大小湖泊点缀城中。

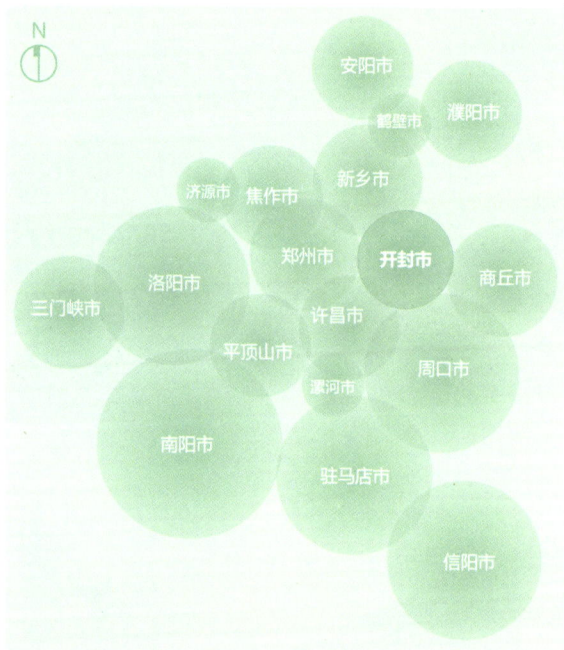

开封区位图

开封城区水系分布图

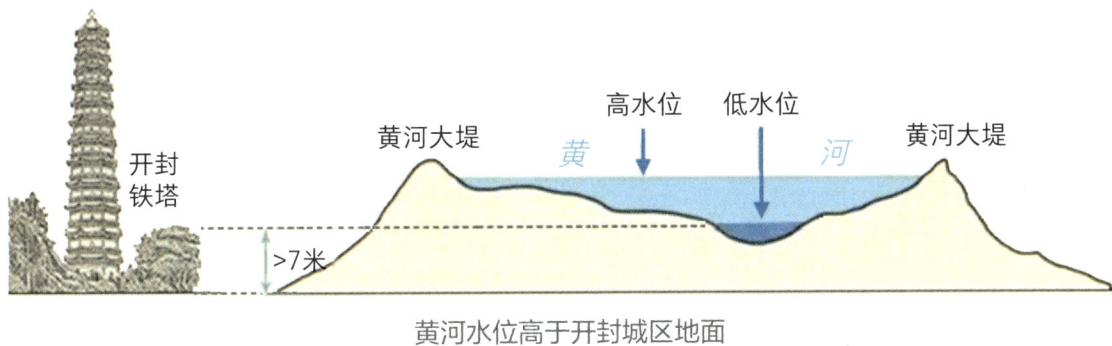

黄河水位高于开封城区地面

建设思路

由于历史上黄河多次泛滥，形成了开封古城独有的中心低、四周高的"锅底状"地势，导致涝水易在老城聚集，亟需系统化推进海绵城市建设。

外部：河湖水系整治，打通排水出路。古城内实施西北湖、龙亭湖、包公湖、阳光湖等河湖生态清淤和行泄通道建设，古城外实施惠济河湿地、汴东湿地、金明池等滞蓄空间建设，并拓宽城区下游惠济河、马家河2条外排通道，整体提高城区外排能力。

开封市海绵项目分布图

内部：雨污分流改造，提高管网泵站排放能力。 由于城区河道为人工开凿，水位较高，使得大部分区域雨水需要泵站强排进入河道，通过推进2片7平方公里区域雨污分流改造，建设4座排涝泵站，修复改造23.8公里排水管网，让雨水能顺利入河。

绿色优先：让雨水留下来、变干净、利用好。 针对北方平原城市坡度缓、水资源少等特点，改造老旧小区159个、背街小巷250条、道路16.7公里、海绵公园7处，推进100余处雨水资源化利用设施建设，让部分雨水就地消纳并加以利用，提高城市韧性和节水水平。

建设成效

城市安全韧性水平提升，排涝能力显著增强。在守护好黄河安澜的基础上，通过调蓄和排放手段，恢复历史河湖水系，城区雨水滞蓄能力增加了80万立方米，让雨水更多地流入海绵绿地和水体等自然空间内，减少道

汴京路排水管网及道路海绵化改造
改造后新增管渠过流能力2立方米/秒，新增滞蓄容积3800立方米，有效解决了道路周边积水问题

路等城市空间的积水，目前，汴京路和劳动路交叉口等城区顽固历史积水点已经消除，方便了居民雨天出行。

实现水润古城，人居环境明显改善。结合古城城墙的保护修缮，实施了墙体贯通、绿带贯通、绿道贯通、水系贯通工程，连片打造环城墙海绵公园绿地，将海绵城市建设与古城风貌相协调，既提升了景观环境又增强了古城排水防涝韧性，古代的城墙与今天发挥调蓄、净化、游憩功能的绿带交相呼应，如同一道时光隧道，让人民感受到水城交融的古都之美。

汴京路与劳动路交叉口整治前
（降雨量35毫米/小时，2021.7.21）

汴京路与劳动路交叉口整治后
（降雨量40毫米/小时，2024.7.17）

城墙西南角海绵化改造照片

铁塔公园海绵化改造照片

城市特征

安阳市位于河南省最北部，东临齐鲁，西倚太行山，北临漳河，南望中原。2023年，中心城区建成区面积119平方公里，全市常住人口数量537.6万。安阳市是华北地区中等城市，土壤渗透性一般，多年平均降雨量为597毫米。

安阳市是典型太行山脉与华北平原交界的过渡地带城市，主城区西抵太行山脉丘陵区域，东接堆积平原，地貌呈阶梯状分布。总地势西高东低，洹河、洪河和万金渠穿城而过，城渠相依、傍水而居。

安阳区位图

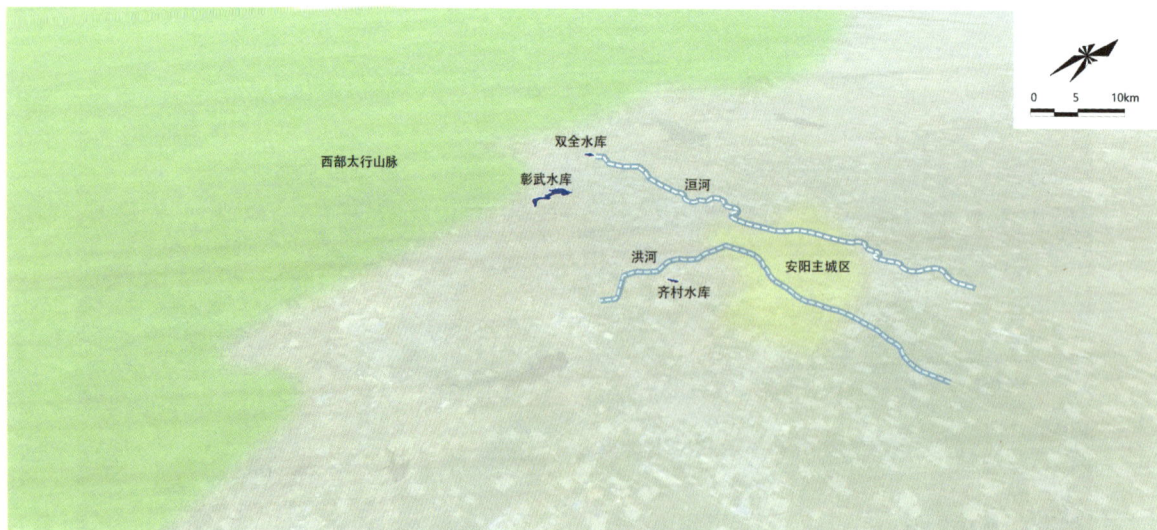

安阳市地形地貌示意图

安阳市虽干旱缺水，但降雨集中，极端降雨频发。多处坑塘水渠遭受侵占，自然蓄排空间受阻，汛期城市内涝风险问题突出，给安阳市海绵城市示范城市建设造成了较大挑战。

建设思路

理水脉、优分区：以渠道建设和古渠修复为着力点，打通城区水系脉络，优化城区排水分区。通过实施三大水系工程，重塑城市排涝大骨架，建设雨水新通道。新建西区截流渠消除铁西片区积压多年的排水系统历史欠账；治理北万金渠调整优化排水分区，减轻茶店坡沟排水压力；治理南万金渠新增排水分区，缓解片区排涝压力。

建体系、提标准：流域层面通过"上蓄、中疏、下排、适当滞蓄"的建设路径，通过水库蓄水、河道防洪整治、蓄滞洪区建设，切实提升城市防洪能力；城市层面通过"源头减排、过程控制、蓄排并举、超标应急"的建设路径，在城市排水骨架项目基础上，实施小区、道路、口袋公园源头改造，提标排水管网，建设调蓄公园，构建健康城市水系统。

安阳市海绵设施布局图

建设成效

依托唐朝古灌渠"南万金渠"，对安阳市4.3公里渠道进行开挖拓宽，增加排水调蓄功能，通过管网改造及排水规划调整，将周边雨水排入南万金渠，新增排水分区，承担周边3.24平方公里范围汇水，增加调蓄空间9.3万立方米，缓解片区排涝压力。

整治前局部断面

南万金渠整治前

整治后局部断面

南万金渠整治后

安阳城市安全韧性全面提升。2024年8月9日，安阳迎来今年最大强降雨，40分钟降雨量达到50毫米以上，安阳市中心城区历史易涝点未出现长时间大面积积水，退水时间均在半小时以内。

新建调蓄公园，运用雨水花园、植草沟等海绵设施强化绿地调蓄功能，除消纳自身雨水外，可为周边道路及小区提供雨水调蓄空间，降低周边极端降雨条件下的内涝风险。

种植单一，且未发挥绿化面积大优势

现状人行道高，道路雨水无法汇入绿地

人和公园建设前

雨水花园

地表漫流

雨水导流沟

收集道路客水

人和公园建设后

绿地植物品类单一

现状绿地面积小，地势高道路雨水无法汇入绿地

佳田未来城临街绿带建设前

下沉绿地

下沉绿地

雨水花园

地表漫流

佳田未来城临街绿带建设后

建筑小区海绵化改造，因地制宜地将小区现状部分硬化铺装或绿地改造成雨水花园或下沉式绿地、生态停车场，深度结合群众需求，多措并举补齐基础设施短板，让小区居民切实享受到"海绵福利"。

吉祥家园二期建设前

吉祥家园二期建设后

市政道路海绵化改造，运用源头减排设施优化现状道路排水系统，道路径流雨水优先进入周边的植草沟、下沉绿地集中调蓄，暴雨时，超标雨水通过溢流口连接管汇入市政雨水管，实现道路生态景观和排水功能有机融合。

弦歌大道建设前

弦歌大道建设后

格尔木市

城市特征

　　格尔木市位于三江源生态保护核心区域，河湖众多、水网纵横，是全国重要的生态保护屏障的核心地带。

　　市区地势由西南向东北倾斜，高差约75米，平均海拔2780米，属大陆高原气候，多年平均降雨量为47毫米，年蒸发量在2000毫米以上。

格尔木区位图

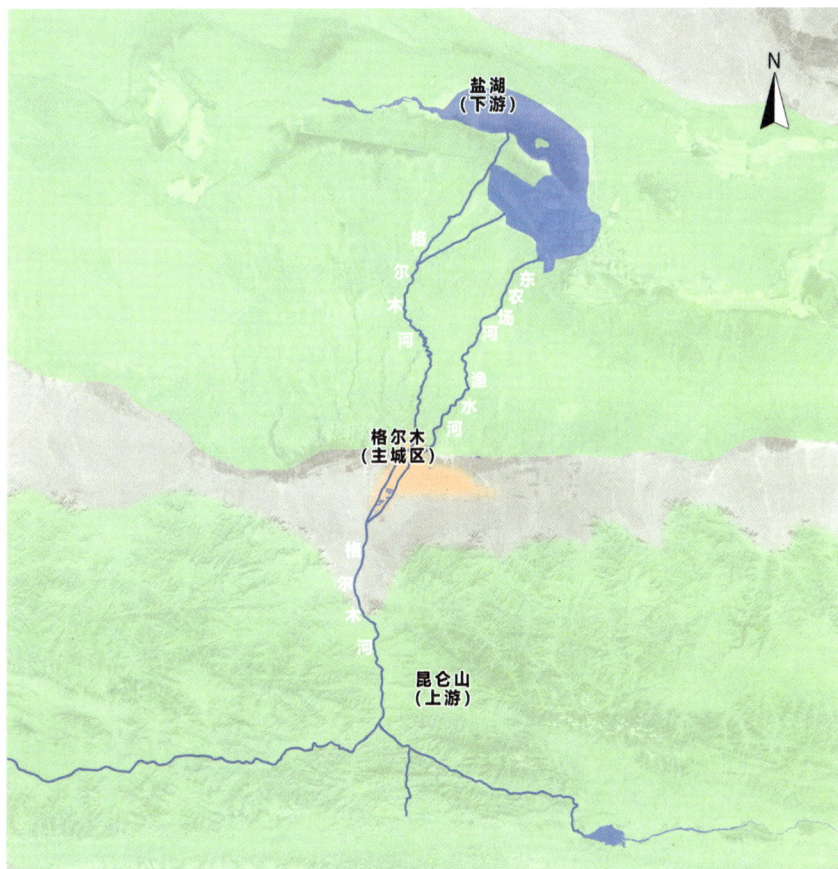

格尔木市地形地貌示意图

地下水补给充足，水位较高，城区位于格尔木河冲洪积扇形成的绿洲带，既是从高山向荒漠—草原—盐沼—湖泊过渡的重要生态节点，又是昆仑山水资源经地表河流、地下岩土孔隙向盐湖运动的重要过水通道。

建设思路

格尔木地下水丰富，海绵城市建设旨在应对地下水致害的风险，解决城市建设和雨洪设施品质不高的问题，改善干旱缺水和水生态敏感脆弱的现状。

地下水防治减灾。在金峰路以北地下水位比较高的区域，建设渔水河、得水园、八一中路等项目的湿地水体，打造生态弹性，实现地表水与地下水转换循环，进行地下水动态平衡调控，有效降低地下水灾害。

蓝绿空间网格构建。恢复城市内外河湖水系的自然连通，建设"五横五纵"水系网络，改善水生态环境。在城市空地见缝插绿设置口袋公园，

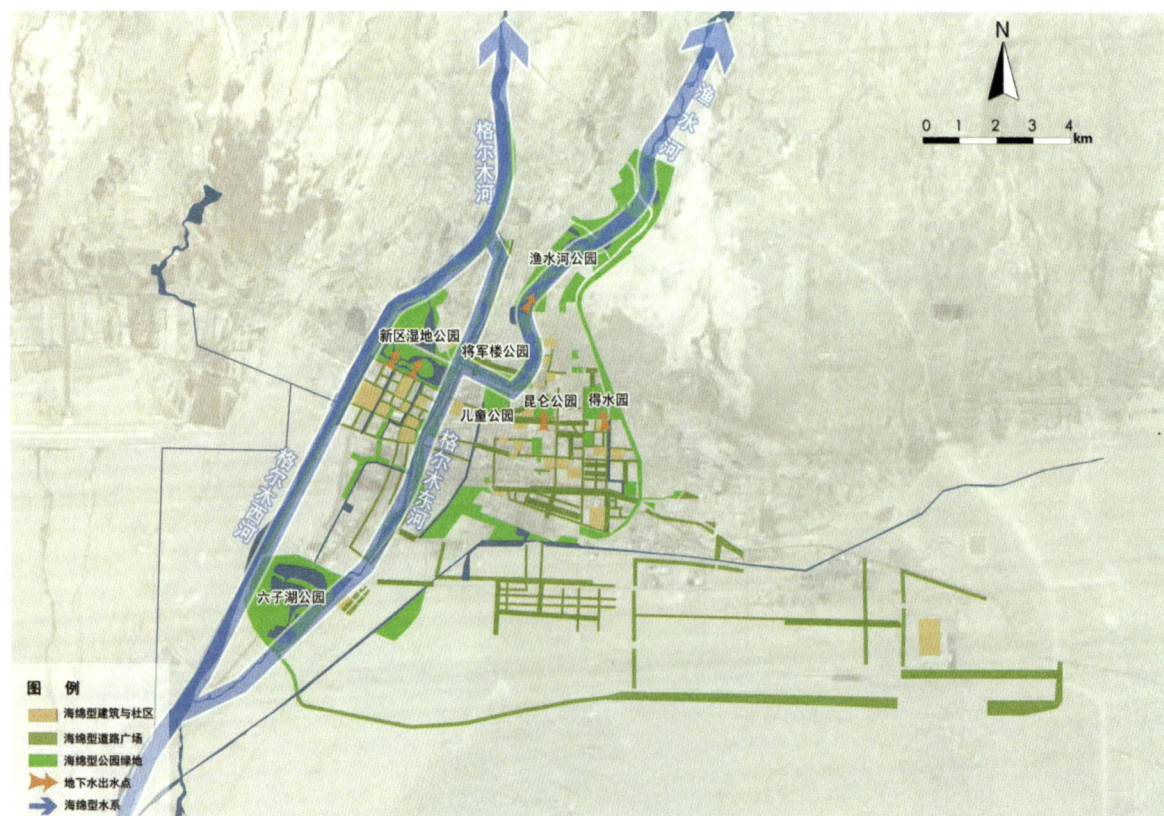

格尔木市海绵城市建设蓝绿空间图

因地制宜设置植草沟、下沉式绿地等增渗减排的绿色源头设施，补齐城市基础设施短板，实现"300米见绿，500米见园"的目标，打造城市蓝绿交融河湖生态空间。

雨污分流本土化改造。老城区采用"合改分""合+灰""合+绿"的排水方式，通过建设源头绿色海绵设施，将有限的雨水进行就地消纳；新城区采用渠道和沟道排放雨水，根据水体分布、地形地势条件布置雨水沟渠，超标雨水进入河道和公园水体中，实现了雨水控制与利用。因地制宜采用"雨水走地表、污水走地下"的排水系统。

特色渠系改造提升。通过全市灌渠连接及改造提升，有效收纳道路雨水并作为行泄通道，提升城市排水防涝能力，提高城区排水韧性，起到超标应急，预防内涝的效果，建设灌排一体的特色渠道系统。

建设成效

城市安全韧性全面提升，地下水灾害得到有效缓解。恢复了格尔木河和渔水河水系自然连通，实现地表水与地下水转换循环，有效改善了水体循环速度，提高过水断面排水能力，提升河道的自我修复功能和自我净化能力。

蓝绿交融，构建多层次、多主题的网络化生态空间。设置下沉式绿地、生物滞留设施等源头海绵设施，注重公共绿地、口袋公园、亲民设施建设，实现雨水的自然渗透、自然积存、自然净化，为居民提供良好的休憩娱乐场所。

渔水河水系连通

得水园地下水治理

望柳庄口袋公园

夏日哈木路绿地提升

　　经济集约、全民共享，推进海绵理念深入人心。采用简约、经济、高效的海绵设施，实现城市环境的改善和群众生活品质的提升，让海绵理念融入市民生活，形成全民知晓、全民参与、全民支持、全民监督的海绵城市建设氛围。

幸福里海绵小区

江源南路道路改造

以提升城市生态功能为出发点，将有限的雨水进行就地消纳，打破现有街道步行空间与绿化空间的割裂，加强海绵设施养护，巩固建设成效，因地制宜打造"本地化"的海绵城市，有效满足广大市民对休闲游憩绿色空间日益增长的需求。

盐湖小学北侧绿地提升

路缘石开口改造

城市特征

吴忠市地处宁夏中部，黄河穿城而过，因河而生、依河而兴。2023年，吴忠市中心城区面积88平方公里，人口数量32万，是西北地区Ⅰ型小城市。中心城区土壤渗透性良好，无湿陷性黄土分布，多年平均降雨量为188毫米。

吴忠市中心城区分布于黄河东侧，牛首山北麓，城区呈现山前平原特点。城市排涝方式以重力自排为主，少数低洼点位采用泵站辅助排涝。中心城区水质需保障黄河Ⅱ类水进出要求。

吴忠是引黄灌区菁华之地，与城市水网有机融合造就塞上美景。海绵城市

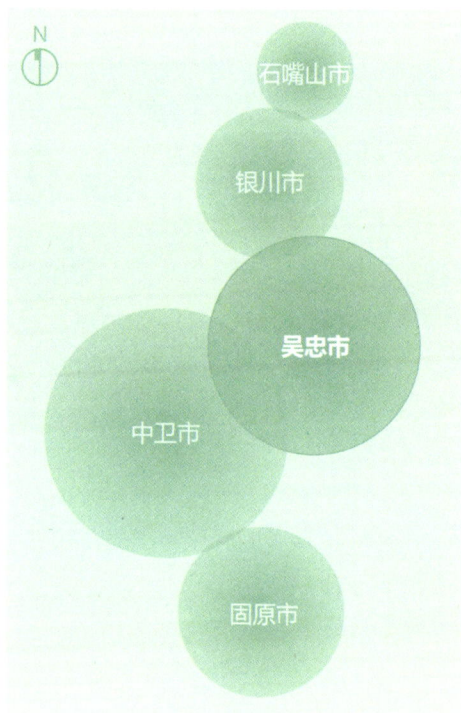

吴忠区位图

吴忠市地形地貌示意图

建设，是系统解决污涝交织、水资源短缺等问题，提升"塞上江南"生态绿色底色的重要契机。

建设思路

污涝统筹，构建健康水系，提升城市韧性。实施源头减排、适度雨污分流、扩大厂前调蓄、厂后湿地净化，控制年溢流频次在4次及以下，满足黄河上游水环境高要求；畅通清宁河—乃光湖—南环水系-清水沟城市排涝通道，修复排水管网70公里，新改建雨水管网58公里，提高蓄排能力，保障城市排涝安全。

再生利用，开辟第二水源，缓解水资源短缺。推进"污水厂—人工湿地—再生水厂/水系"的再生水供给模式，再生水目标利用率为65%，稳定保障城市水系生态基流，改善城市水动力条件，在城区绿化灌溉、工业用水方面逐步减少黄河水所占比例。

吴忠市海绵城市示范项目布局图

以人为本，改善人居环境，提升幸福指数。选取小区、人行道路面破损严重、凹凸不平、存在积水问题区域建设透水铺装；结合下沉式绿地、雨水花园建设，丰富小区、道路绿地、公园绿地原有单一植被景观；结合水系建设，增加生态岸线比例、种植水生植物，透水铺装等，提升亲水环境。

建设成效

城市安全韧性全面提升。清宁河、乃光湖、南环水系及清水沟的系统治理，实现全市中心城区水系的连通和涝水就近入河，清宁河新增调蓄容积达7.43万立方米，乃光湖调蓄容积达14万立方米，结合蓄排并举、灰绿结合，筑牢中心城区水安全屏障。2024年，共经历了18场降雨考验，城区积水点全面消除。

合流制溢流污染得到有效控制。中心城区合流制片区面积达90%，通过源头改造等措施，第一污水处理厂和第二污水处理厂年溢流频次可达4次及以下。

水资源短缺得到有效缓解。2023年雨水资源利用量达到34.2万立方米，再生水使用量达1438万立方米，再生水利用率达到55.1%；2024年，中心城区再生水利用率可达58%。

乃光湖俯瞰图

清宁河生态岸线修复

2022年6月21号
3小时降雨量16毫米

市医院门前积水点治理前

2024年8月8号
3小时降雨量14毫米

市医院门前积水点治理后

清水苑CD区（老旧小区治理前）

清水苑CD区（老旧小区治理后）

东片区保障性住房

新建锦鲤小区

星空乐园口袋公园

道路导流口

污水厂外排水 →泵站 引水 管道→ 生态滞留塘 → 潜流湿地 → 表面流湿地 → 再生水利用

牛家坊人工湿地

增设绿色设施，改善人居环境。有效减少小区内路面积水，提高小区内绿化率、改善周边环境，在丰富植物种类、提升绿化景观层次、营造小型生态空间的基础上，改善人居环境，提高公众满意度。

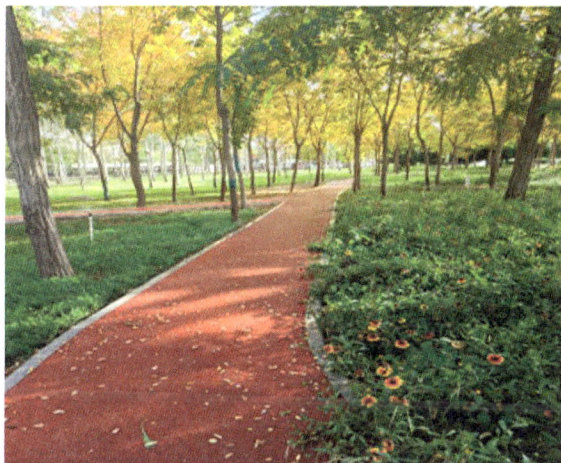

世纪大道景观带

凤朝鸣庭鸟瞰图

城市特征

乌鲁木齐市位于新疆维吾尔自治区北部，地处天山山脉中段北麓、准噶尔盆地南缘。市域总面积1.38万平方公里，2023年中心城区建成区545平方公里，常住人口409万。

作为西北地区山地丘陵绿洲城市，主城区三面环山，北部平原开阔，呈现"山地—绿洲—荒漠"三个梯级划分。

中心城区流域分为乌鲁木齐河流域和头屯河流域，城区主要河流为水磨河、和平渠等。土壤渗透性良好，多年平均降雨量为309毫米。人均水资源量不足320立方米，为全疆的十二分之一，全国的七分之一。城市排水条件较好，道路坡度平均在千分之十以上，排涝方式以重力自排为主。

乌鲁木齐市主要面临三方面问题。一是绿洲生态系统功能退化。城区部分河流廊道干涸，天然湿地面积萎缩。二是非常规水资源利用率不高。作为严重干旱缺水的城市，2020年再生水利用率为31.1%，雨雪水利用水

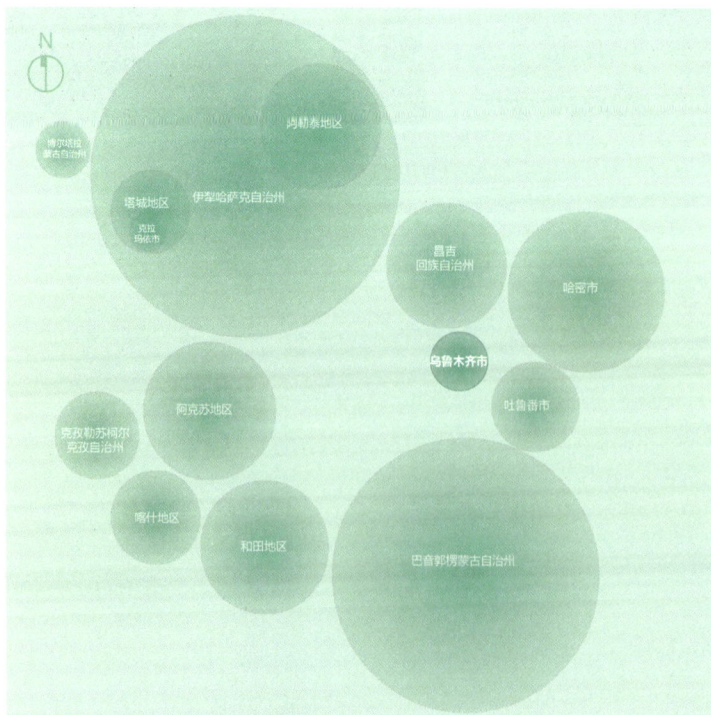

乌鲁木齐区位图

平较低。三是雨污冒溢问题突出。雨水系统不完善，道路坡度较大，排水管网建设标准较低且庭院雨污分流不彻底，降雨时容易发生雨污合流管井冒溢现象。

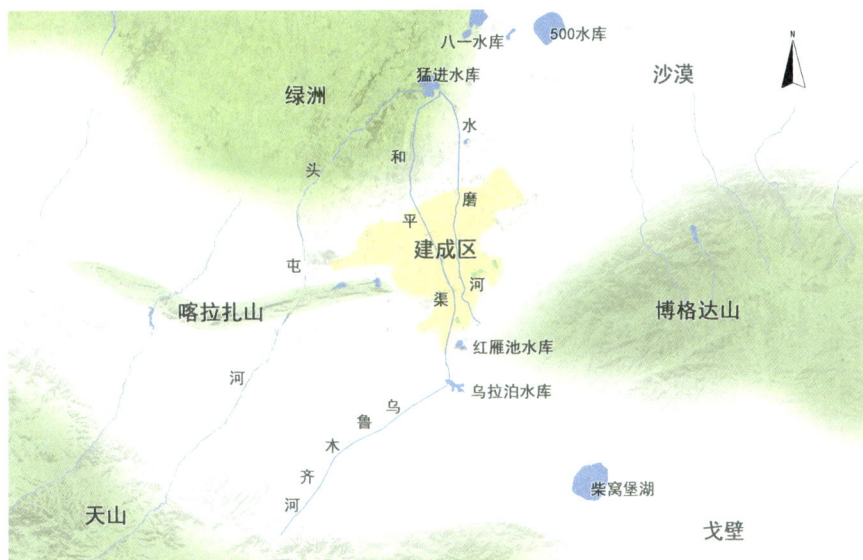

乌鲁木齐市地形地貌示意图

建设思路

修复区域性生态廊道，恢复绿洲系统功能。实施城区最重要的两条河流——和平渠和水磨河的生态修复工程。通过沿线环境综合整治，利用再生水补充生态基流，恢复河道自然生态岸线，打造城市骨干绿道，带状开放亲水空间，滨河慢行系统，恢复水系廊道的生态功能，改善城市水生态环境。

进一步提升非常规水资源利用效率。通过完善再生水厂站、配套管网建设，构建中心城区再生水从生产、净化到存储、利用的完整系统；鼓励在建筑小区、公园绿地、道路广场就地分散利用雨雪水资源，在建成区公园、广场等有条件区域建设雨雪水收集利用设施，集中利用雨雪水资源。

排水设施补短板，消除雨污冒溢。梳理现状雨污冒溢点位，对冒溢点汇水区范围内的建筑小区采取雨污分流、绿地和管网改造；对冒溢点点位采取雨水管道改线疏导、转角井改造、分流来水等"一点一策"的改造措施；在末端建设调蓄池、城市绿地等设施消纳部分径流雨水。

图 例
—— 再生水主干管网
🟩 再生水用户
—— 河流廊道
● 冒溢点
▢ 冒溢点汇水范围

统筹推进河流廊道生态修复、水资源再生利用与雨污冒溢点治理

建设成效

水生态环境显著改善： 治理和平渠、水磨河河道总长度47.7公里，将破旧、硬质的驳岸恢复成自然生态岸线，改善了城区水生态环境，形成自然与城市共生、历史与文化交融、绿色与健康引领的滨水公共空间。

水磨河新疆煤炭交易中心区段改造前（2020.8）

水磨河新疆煤炭交易中心区段改造后（2023.7）

非常规水资源利用效率稳步提升： 通过建设再生水厂配套二、三级再生水管线156.28公里，城区再生水管网长度达到683公里。再生水调蓄工程总容积389万立方米，全市再生水利用率由2020年的31.1%提升至2023年的45.45%。

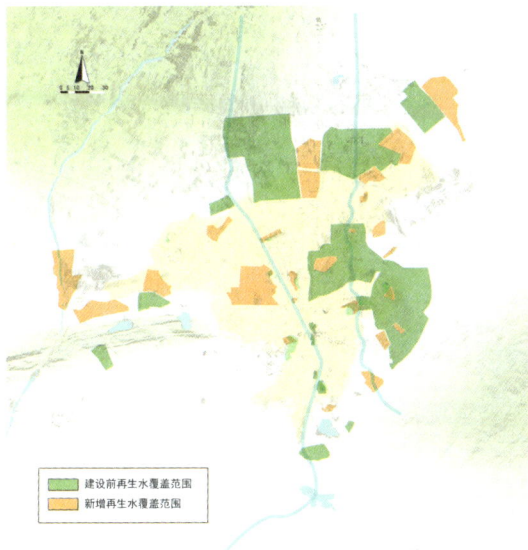

示范城市建设前后再生水覆盖范围

河马泉体育公园雨水收集设施

通过建设27公里东二环再生水主干通道、85公顷十七户再生水净化利用湿地工程，构建"再生水厂—湿地净化—沿线用户"的再生水利用循环系统，年再生水供应量达到3200万立方米。

十七户湿地再生水利用系统

十七户湿地

雨污冒溢现象得到有效缓解： 采用"源头减排+过程控制+末端调蓄"的技术措施，统筹推进81个建筑小区、16条市政道路海绵化改造，21公里排水管网改造，以及2万立方米调蓄池建设，系统治理雨污冒溢，从"逢雨必冒"到基本实现13毫米以下降雨不冒溢。

监测结果显示，城市重要交通节点阿勒泰路与苏州路交汇桥下冒溢点在2023年8月14日至9月15日期间的4场降雨中均发生较为严重的冒溢现象（降雨量3～8毫米）。治理完成后，在9月24日（11毫米降雨，2年一遇）与10月15日（5毫米降雨）降雨中未发生冒溢现象，治理成效明显。

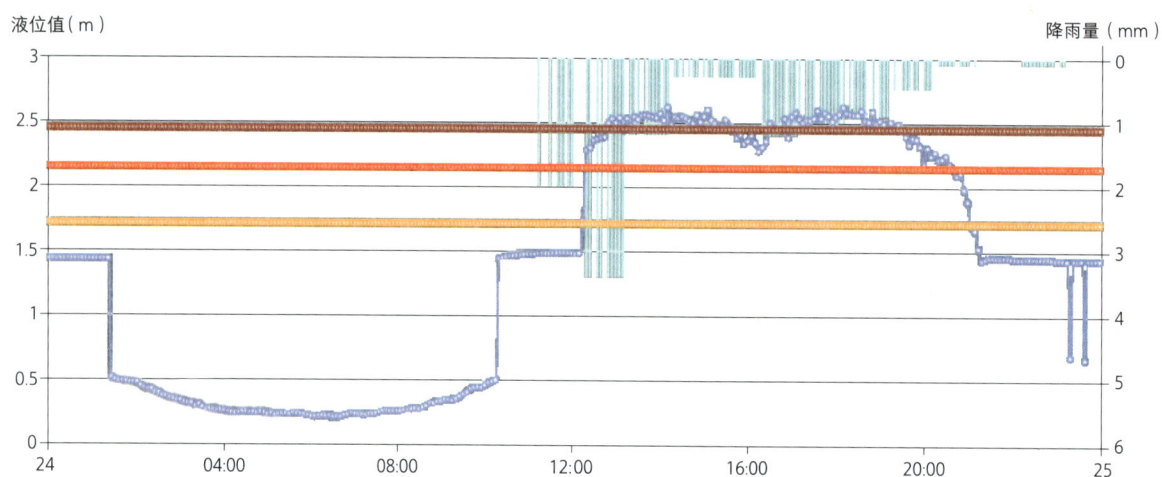

阿勒泰路冒溢点治理前监测数据对比（降雨量3毫米，2023.8.14）

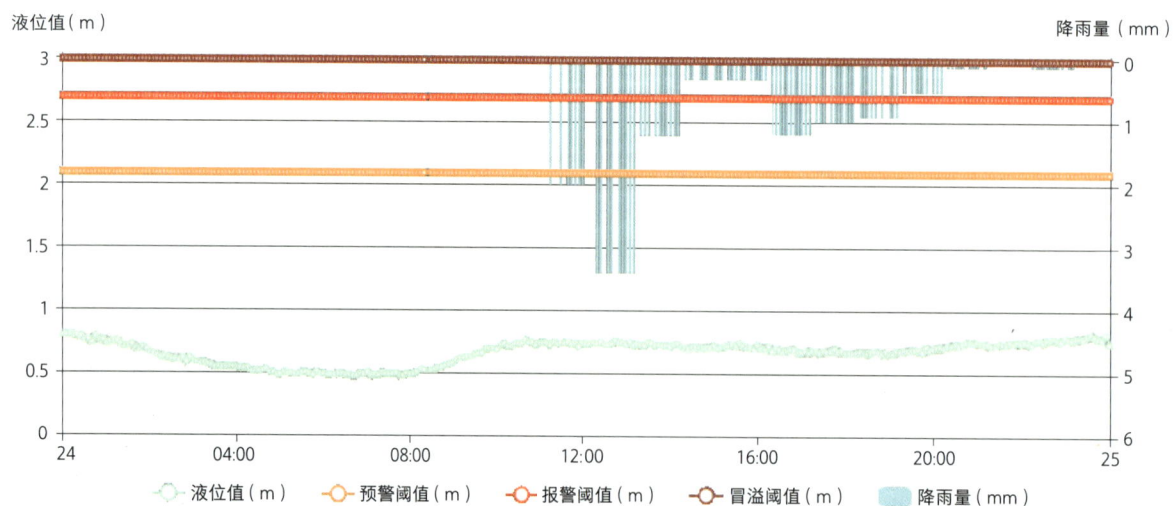

阿勒泰路冒溢点治理后监测数据对比（降雨量1毫米，2023.9.24）

案例编写人员名单

1. 无锡
编写指导：陈雪峰
编写人员：钱保国　陆佳　赵政阳　唐君言
　　　　　黄明阳

2. 宿迁
编写指导：徐宜军
编写人员：丁利　吴爽　赵亚君　熊子卿

3. 昆山
编写指导：王卫东
编写人员：王月　王舒　周雪辉

4. 扬州
编写指导：徐安朝
编写人员：袁芳　耿亮晗　于丽娜

5. 杭州
编写指导：梁旭
编写人员：肖月晨　张浩浩

6. 芜湖
编写指导：朱发沐
编写人员：谢磊　刘唯　孙静　罗玉俊
　　　　　许智贤　张雯越　宋延伟　任自强

7. 广州
编写指导：姚汉钟
编写人员：朱文玲　常胜昆　高相国　龚阳
　　　　　劳长倩　陈钊仪

8. 佛山
编写指导：曾阳春
编写人员：沈健　于瑞　俞龙　尹小青
　　　　　柳志豪

9. 中山
编写指导：翁计传
编写人员：王前朋　彭少茵　黄俊星　周晟
　　　　　李颖妍　陈普艺

10. 孝感
编写指导：叶雄
编写人员：张胜男　闫一　杨进

11. 漳州
编写指导：张明东
编写人员：张可慧　马步云　梁晓莹

12. 长治
编写指导：张庆宏
编写人员：唐宇飞　王明宇　李晓路　孙维全

13. 晋城
编写指导：赵光义
编写人员：王湘晋　陈永福　陈哲元　孙轶群
　　　　　郭俊敏　范益忠

14. 金华
编写指导：倪喜斌
编写人员：王建娃　郝晓宇　高沈斌　程江
　　　　　陈志斌　牟晓英

15. 衢州
编写指导：毛爱民
编写人员：吴新楷　刘前军　郝新宇　刘畅
　　　　　张佳丽　林少阳　汤磊　李耀华
　　　　　陈慧诚　孙轶群

16. 六安
编写指导：李品
编写人员：韩燕辉　伍亮　黄煜金　陶立
　　　　　周子捷

17. 马鞍山
编写指导：张扬
编写人员：汤钟　刘枫

18. 鹰潭
编写指导：王富生
编写人员：程洁　冷麟翥

19. 信阳
编写指导：陈世玉
编写人员：王生旺　范　丹　秦保爱　宋云鹏

20. 宜昌
编写指导：杨　涛
编写人员：朱天琳　李　倩　王欣奕　税爱伦
　　　　　岳佳帅　熊奇坤

21. 襄阳
编写指导：陈建斌
编写人员：鲁莉萍　孙晓博　郭跃洲　肖月晨
　　　　　景　哲　李婷婷　张浩浩　张奕雯

22. 株洲
编写指导：谭成华
编写人员：程　睿　程慧芹

23. 桂林
编写指导：刘江帆
编写人员：王黛瑶　江西会　曹　智

24. 广安
编写指导：胡连登
编写人员：赵　翔　刘霖淋　张　宁

25. 泸州
编写指导：肖　刚
编写人员：孔　烨　张　宁　赵　智

26. 绵阳
编写指导：李益霖
编写人员：涂　涛　李　璇　王东钰　周　悦
　　　　　彭　雪

27. 安顺
编写指导：朱亚军
编写人员：赵文莉　谭　磊　崔砚琦　李　彤

28. 昆明
编写指导：周定龙
编写人员：沈　旭　吴学峰　韩　项

29. 渭南
编写指导：杨宇英
编写人员：王泽深　尹　灿　吴发荣　李　勇

30. 铜川
编写指导：左小军
编写人员：张一麟　卢慧婷

31. 秦皇岛
编写指导：陈立庭
编写人员：彭　莲　姚泽凯　赵玉华

32. 葫芦岛
编写指导：刘　铸
编写人员：刘春柱　贾宝真　崔　洁

33. 九江
编写指导：周小琳
编写人员：王梦迪　唐清霞　杨赛国

34. 南昌
编写指导：李　勇
编写人员：董佳欣　高佳伟　王　磊

35. 烟台
编写指导：孙玉荣
编写人员：林　聪　武若冰　苏信熙　王耀堂
　　　　　赵颖丽　王学龙　王　菁

36. 岳阳
编写指导：钱丹青
编写人员：张世强　李杉杉

37. 汕头
编写指导：陈　斌
编写人员：胡希鑫　武振东　张　楠　丁　磊
　　　　　胡启玲　郑华臻

38. 三明
编写指导：蔡文富
编写人员：郭彦峰　位壮壮　李　岩

39. 龙岩
编写指导：林福强
编写人员：崔婷钰　陈　蕊　蓝昌桂

40. 南平
编写指导：陈　莉
编写人员：董家亮　陈　杰　杨思明　刘金凤
　　　　　胡　南　赖志杰

41. 广元

编写指导：王　超

编写人员：姜记威　周思敏　苏　琛

42. 拉萨

编写指导：刘英俊

编写人员：芮文武　张锦森

43. 延安

编写指导：李建军

编写人员：张浩浩　于　洋　李钰琪

44. 平凉

编写指导：高登榜

编写人员：马金明　何　婷　张晓刚　叶嘉逸
　　　　　张钼晞

45. 天水

编写指导：任佩光

编写人员：李　捷　彭永兴　吴俊文　林旭鑫
　　　　　吴达建　何汶晓　莫桂峰　陈　海

46. 银川

编写指导：王一凡

编写人员：陆　成　马　谦　乔梦曦　屈　蕴
　　　　　李智奇

47. 唐山

编写指导：王树林

编写人员：曹　智　孙梦琪

48. 衡水

编写指导：顿越伟

编写人员：陈嘉亮　纪亚星

49. 呼和浩特

编写指导：栗耀庭

编写人员：刘　睿　何俊超　张敬玉　匙中文
　　　　　朱　江　云孟柯

50. 沈阳

编写指导：石　坚

编写人员：曾雪彤　彭　帅　王少营

51. 松原

编写指导：许炳权

编写人员：卢慧婷　祝　成

52. 四平

编写指导：刘中文

编写人员：戴　忱　洪　凯　张武洋　李　晨
　　　　　施溯帆　杨新德　胡新蕙　陈　雪
　　　　　刘　杨　张　强

53. 大庆

编写指导：许东升

编写人员：范　锦　景　哲　蔺　昊　石国强

54. 临沂

编写指导：杨　明

编写人员：解　铭　陈继平　孙雅雯　孙增峰
　　　　　吴　健　刘春娇

55. 潍坊

编写指导：马　冰

编写人员：孙　凯　李　婷　毛　坤　林　聪
　　　　　笪　健　贾永学　贾伟建　王　峥
　　　　　冯晓晴　刘金秋

56. 开封

编写指导：李一凡

编写人员：张善钧　闫　一　李康康

57. 安阳

编写指导：杨庆兵

编写人员：阳　烨　王　琦　刘颖妍　张爱玲

58. 格尔木

编写指导：马英花

编写人员：张长鹤　代博超

59. 吴忠

编写指导：张宏志

编写人员：饶远昊　刘　闯　李进松

60. 乌鲁木齐

编写指导：韩　锟

编写人员：徐秋阳　马　帅　袁　芳　林少阳